冯骥才 \ 著

春天最初是闻到的

文化艺术出版社
Culture and Art Publishing House

感知的文字

（自序）

散文是一种感知的文字，作家离不开它。思想者由观察到思考再到思想，全部过程都是逻辑和理性的；作家则由形象化的感受到认知，其中也有思考，但总是由感而发，由感而生；全部过程充满感觉、感悟、感受、感情、感知；最终完成感性的形象与情境。这种文字便是散文。

尽管近年来我既被迫又心甘情愿地搁下小说的写作，脑袋充满"急转弯"时代的当代文化是耶非耶与何去何从的思辨，大部分写作都给了文化批评和田野工作带来的理论性的思考；但是，出于作家的天性与本能，或受心灵的驱动，仍不时随手写下一些感知的文字；或于人于事，或于书于画，或于春雨秋风晨光夕照。可是待这些写过的文章刊发出来，无暇再读，一篇篇放在书案边一个竹编的方形的筐里；日久天长，渐渐积满。近日读来，却好似触摸到过去几年活生生的自己。

散文是随性的。小说往往躲不开甚至受制于自己笔下的个性既成的人物，散文却自由自在地任凭自己的性情。作家每每看重自己的散文，乃是缘于一种自我的珍惜。

我的散文不拘一格，所以在编成集子时，在目录上以段落将不同题材与体裁一边归类，一边区分。这样做是为了使自己清楚自己，也使读者明白自己。

我读过不少作家的文集，从作家们的写作史上看，保留到最后的文种往往都是散文。

也就是说，感知的文字是作家生命的文字。

2013年2月16日
癸巳正月初七

目录

感知的文字（自序） | 001

第一章

春天最初是闻到的 | 003

夕照透入书房 | 005

书房花木深 | 008

回忆我的篮球教练 | 011

大地震给我留下什么？ | 014

我与《清明上河图》的重重往事 | 018

春节八事 | 022

守岁 | 026

除夕情怀 | 029

大年三十 | 032

春节，怀旧的日子 | 035

团圆，春节的第一主题 | 038

黄山绝壁松 | 041

绵山奇观记 | 043

日全食神话 | 047

广东会馆观戏记 | 050

为周庄卖画 | 054

第二章

草婴先生 | 061

王蒙老了吗？ | 064

大话美林 | 067

风景里的山峰——悼李景峰 | 073

怀念老陆 | 076

平凹的画 | 080

送谢晋 | 083

仲爷祭 | 088

七夕·摩喝乐·仲爷 | 091

司格林教授 | 094

为李福清院士祈福 | 098

秋日里对春风的怀念——兼记李文珍先生 | 102

四君子图 | 105

谁能万里一身行？ | 109

新年试笔"文老弟" | 113

在摩耶精舍看明白了张大千 | 116

对一位背对市场艺术家的精神探访 | 120

第三章

羌去何处？ | 129

废墟里钻出的绿枝 | 133

草原深处的剪花娘子 | 137

大雪入绛州 | 142

贺兰人的唱灯影子 | 146

高腊梅作坊 | 150

细雨探花瑶 | 154

手抄竹纸 | 158

追寻盘王图 | 162

湘西的苗画 | 176

第四章

灵感忽至　181

作画　184

落日最辉煌　186

月下　187

唱秋　188

春风又吹绿枝条　189

思绪如烟　190

雨之光　192

初照　193

河湾的记忆　195

秋天的情味　196

从容看万条　197

高江急峡　199

吻　200

山居　202

故乡　203

如诗似画是江南　205

天书　206

秋之韵律　207

雪夜　208

梦想　210

柔情　211

细雨无声　213

雪地上的阳光　214

低烟　216

林边小屋　217

极顶　218

月光曲　219

聊天　221

秋色深几许 | 222

林之光 | 224

躺在雪岸上的树影 | 225

大江放舟 | 226

心之舟 | 228

树间舟 | 229

听水 | 230

夕照迷离 | 231

花之乡 | 232

伞 | 234

梅之魂 | 235

第五章

绘事自述 | 239

文人画说 | 242

《心中十二月》题记 | 244

名画亲历记 | 246

第六章

《收获》的性格 | 263

文学翻译的两个传统 | 266

光荣的万号 | 269

醒俗画报 | 272

丝绸之路上的敦煌 | 275

第七章

《灵性》序 | 283

游记的立场 | 285

折下生命之树的一枝 | 287

再版是一种幸运 | 289

《爱犬的天堂》短序 | 291

关于散文写作的十一个提问 | 292

第八章

神笔天书 | 299

意象山水 | 303

中国人丑陋吗? | 305

中国的符号 | 308

丹青翰墨满华堂 | 311

《顾同昭白描仕女画稿》序 | 314

问石者说 | 315

为吴泰昌新作《我知道的冰心》出版写的短语 | 317

永远的画意与诗情 | 318

优美的游记 | 320

美丽的山口 | 322

神交左川 | 324

一种自我的心灵教育 | 326

佛心学侠 | 328

一生挖了一口深井 | 330

春天最初是闻到的·第一章

春天最初是闻到的

一年一度此时此刻，我都会站在料峭的寒气里，期待着春的到来。

因为我知道，若要"知春"可不能等到"隔岸观柳"；不能等到远远河边的柳林已经泛出绿意，或是那变松变软变得湿漉漉的土地已经钻出草芽——那可就晚了。春的到来远比这些景象的出现早得多，一直早到冬天犹存的天地里。你把冻得发红的鼻子伸进挺凉、甚至挺冷的空气里，忽然，一股子清新的、熟悉的、久违的气息，钻进鼻孔，并一下子钻进你的心里。它让你忽然感到天地要为之一新了，你立即意识到春天来了！

可是，当你伸着鼻子着意一吸，想再闻一闻这神奇的气味时，它又骤然消失，仿佛一闪即逝。你环顾四周，仍是一派冬之凋敝，地冻天寒。然而，不知什么地方什么时候，这气味忽又出现。就像初恋之初，你所感受到的那种幸福的似是而非。当你感到"非"时便陷入一片空茫，在你感到"是"时则怦然心动。原来，春天最初是在飘忽不定之中，若隐若现、似有若无。它不是一种形态，而是一种气味，一种气息——一种苏醒的大地生命散发出的气息。

这时，你去留心一下。鸟雀们的叫声里是否多了一点兴奋与光亮？那些攀附在被太阳晒暖的墙壁上的藤条，看上去依旧干枯，你用指甲抠一下它黑褐色的外皮，你会发现这茎皮下边竟是鲜嫩鲜嫩的绿。春天不声不响地埋伏在万物之中。这天地表面依旧如同冬天里那样冷寂而肃穆。但春是一种生命。凡是生命都是不可遏止的。生命的本质是生。谁能阻遏生的力量？冬天没有一次关住过春天，也永远不会关住春天。所以在它出现之前，已经急不可待地把它的气息精灵一般的散发出来，透露给你。所以，春天最先是闻到的。

故此，我喜欢在这个季节里，静下心来去期待春天与寻找春天。体验与享受春之初至那一刻特有的诱惑。这种诱惑是大自然生命的诱惑，也是一种改天换地更新的诱惑。

去把冻红的鼻子伸进这寒冷的空气中吧。

夕照透入书房

我常常在黄昏时分,坐在书房里,享受夕照穿窗而入带来的那一种异样的神奇。

此刻,书房已经暗下来。到处堆放的书籍文稿以及艺术品重重叠叠地隐没在阴影里。

暮时的阳光,已经失去了白日里的咄咄逼人;它变得很温和,很红,好像一种橘色的灯光,不管什么东西给它一照,全都分外的美丽。首先是窗台上那盆已经衰败的藤草,此刻像镀了金一样,蓬勃发光;跟着是书桌上的玻璃灯罩,亮闪闪的,仿佛打开了灯;然后,这一大片橙色的夕照带着窗棂和外边的树影,斑斑驳驳投射在东墙那边一排大书架上。阴影的地方书皆晦暗,光照的地方连书脊上的文字也看得异常分明。《傅雷文集》的书名是烫金的,金灿灿放着光芒,好像在骄傲地说:"我可以永存。"

怎样的事物才能真正的永存?阿房宫和华清池都已片瓦不留,李杜的名句和老庄的格言却一字不误地镌刻在每个华人的心里。世上延绵最久的还是非物质的——思想与精神。能够准确地记忆思想的只有文字。所以说,文字是我们的生命。

当夕阳移到我的桌面上,每件案头物品都变得妙不可言。一尊苏格拉底的小雕像隐在暗中,一束细细的光芒从一丛笔杆的缝隙中穿

我喜欢在阳台上放满植物，任其自由生长。

过，停在他的嘴唇之间，似乎想撬开他的嘴巴，听一听这位古希腊的哲人对如今这个混沌而荒谬的商品世界的醒世之言。但他口含夕阳，紧闭着嘴巴，一声不吭。

昨天的哲人只能解释昨天，今天的答案还得来自今人。这样说来，一声不吭的原来是我们自己。

陈放在桌上的一块四方的镇尺最是离奇。这个镇尺是朋友赠送给我的。它是一块纯净的无色玻璃，一条弯着尾巴的小银鱼被铸在玻璃中央。当阳光彻入，玻璃非但没有反光，反而由于纯度过高而消失了，只有那银光闪闪的小鱼悬在空中，无所依傍。它瞪圆眼睛，似乎也感到了一种匪夷所思。

　　一只蚂蚁从阴影里爬出来,它走到桌面一块阳光前,迟疑不前,几次刚把脑袋伸进夕阳里,又赶紧缩回来。它究竟畏惧这奇异的光明,还是习惯了黑暗?黑暗总是给人一半恐惧,一半安全。

　　人在黑暗外边感到恐惧,在黑暗里边反倒觉得安全。

　　夕阳的生命是有限的。它在天边一点点沉落下去,它的光却在我的书房里渐渐升高。短暂的夕照大概知道自己大限在即,它最后抛给人间的光芒最依恋也最夺目。此时,连我的书房的空气也是金红的。定睛细看,空气里浮动的尘埃竟然被它照亮。这些小得肉眼刚刚能看见的颗粒竟被夕阳照得极亮极美,它们在半空中自由、无声和缓缓地游曳着,好像徜徉在宇宙里的星辰。这是唯夕阳才能创造的境象——它能使最平凡的事物变得无比神奇。

　　在日落前的一瞬,夕阳残照已经挪到我书架最上边的一格。满室皆暗,只有书架上边无限明媚。那里摆着一只来自河北省白沟的泥公鸡。雪白的身子,彩色翅膀,特大的黑眼睛,威武又神气。白沟是北方著名的泥玩具之乡,至少有千年的历史,但如今这里已经变为日用小商品的集散地,昔日那些浑朴又迷人的泥狗泥鸡泥人全都了无踪影。可是此刻,这个幸存下来的泥公鸡,不知何故,对着行将熄灭的夕阳张嘴大叫。我的心已经听到它凄厉的哀鸣。这叫声似乎也感动了夕阳。一瞬间,高高站在书架上端的泥公鸡竟被这最后的阳光照耀得夺目和通红,好似燃烧了起来。

书房花木深

一天忽发奇想，用一堆木头在阳台上搭一座木屋，还将剩余的板条钉了几只方形的木桶，盛满泥土，栽上植物，分别放在房间四角。鲜花罕有，绿叶为多。再摆上几把藤椅、竹几、小桌，两只木筋裸露的老柜子；各类艺术品随心所欲地放置其间。还有一些老东西，如古钟、傩面、钢剑以及拆除老城时从地上拣起的铁皮门牌高高矮矮挂在壁上……最初是想把它作为一间新辟的书房，期待从中获得新的灵感。谁料坐在里边竟写不出东西来。白日里，阳光进来一晒，没有涂油漆，松木的味道浓浓地冒出来，与植物的清香混在一起，一种享受生活的欲望被强烈地诱惑出来。享受对于写作人来说是一种腐蚀。它使心灵松弛，握不住手里沉重的笔了。

到了夜间，偏偏我在这书房各个角落装了一些灯。这些灯使所有事物全都陷入半明半暗。明处很美，暗处神秘。如果再打开音响，根本不可能再写作了。

写作是一种与世隔绝的想象之旅，是钻到自己的心里的一种生活，是精神孤独者的文字放纵。在这样被各种美迷乱了心智的房子里怎么写作呢？因此，我没在那里写过一行字。每有"写"的欲望，仍然回到原先那间胡乱堆满书卷与文稿的书房伏案而作。

渐渐地这间搭在阳台上的木屋成了花房，但得不到我的照顾。我只是在想起该给那些植物浇水才提着水壶进去，没时间修葺与收拾。房内四处的花草便自由自在、毫无约束地疯长起来。从云南带回来的田七，张着耳朵大的碧绿的圆叶子，沿着墙面向上爬，像是"攀岩"；几棵年轻又旺足的绿萝已经蹿到房顶，一直钻进灯罩里；最具生气的是窗台那些泥槽里生出的野草，已经把窗子下边一半遮住，上边一半又被蒲扇状的葵叶黑乎乎地捂住。由窗外射入的日光便给这些浓密的枝叶撕成一束束，静静地斜在屋子当中。一天，两只小麻雀误以为这里是一片天然的树丛，从敞着的窗子唧唧喳喳地飞了进来，使我欣喜之极。我怕惊吓它们，不走进去，它们居然在里边快乐地鸣唱起来了。

一下子，我感受到大自然野性的气质，并感受到大自然的本性乃是绝对的自由自在。我便顺从这个逻辑，只给它们浇水，甚至还浇点营养液，却从不人为地改变它们。于是它们开始创造奇迹——

首先是那些长长的枝蔓在屋子上端织成一道绿盈盈的幔帐。长春藤像长长的瀑布直垂地面，然后在地上愈堆愈高。绿萝是最淘皮的，它在上上下下胡乱"行走"——从桌子后边钻下去，从藤椅靠背的缝隙中伸出鲜亮的芽儿来。几乎每次我走进这房间，都会惊奇地发现一个画面：一些凋落的粉红色的花瓣落满一座木佛身上；几片黄叶盖住桌上打开的书；一次，我把水杯忘在竹几上，一枝新生的绿蔓从杯柄中穿过，好似一弯娇嫩的手臂挽起我的水杯。于是，在我写作过于劳顿之时，或在画案上挥霍一通水墨之后，便会推开这房间的门儿，撩开密叶纠结的垂幔，独坐其间，让这种自在又松弛的美，平息一下写作时心灵中涌动的风暴。

我开始认识到这间从不用来写作的房间非凡的意义。虽然我不在这里写作，它却是我写作的一部分。

我前边说，写作是一种忘我的想象，只有离开写作才回到现实来。这间小屋却告诉我，我的写作常常十分尖刻地切入现实，放下笔坐在这里所享受的反倒是一种理想。

我被它折服了。并把这种奇妙的感受告诉一位朋友。朋友笑道："何必把现实与理想分得太清楚呢！其实你们这种人理想与现实从来就是混成一团。你们总不满现实，是因为你们太理想主义。你们的问题是总用理想要求现实，因此你们常常被现实击倒在地，也常常苦恼和无奈。是不是？"

　　朋友的话不错。于是当我坐在这间花木簇拥的木屋中，心里常常会蹦出这么一句话：

　　我们是天生用理想来生活的人！

回忆我的篮球教练

我早已离开了体坛，心儿却一直没离开，经常把种种关切和很深的怀念投向那里。那儿有我青年时期的影子，也有一些历久难忘的面孔。我自小就是个篮球迷，经常玩球玩到天黑，连篮筐都快看不见，还往里投呢！从高中开始，我的篮球很有点名气了。一米九二的身高，能双手灌篮，在当时专业队里都是不多见的，所以一直在校队和市学联队打主力中锋。高中毕业后，我报考了中央美术学院，初试通过，一直在等复试通知，可因为阶级斗争和家庭背景的原因，没能参加复试。

那段时间很迷茫，整天在大街上溜达。一天，迎面过来相识的一个天津男篮的队员，叫马德才，他喊我："大冯，你去哪儿？"我说："美院不能去了，不知道今后怎么办。"

他一听，走近了说："前两天我们张指导还提起你呢，夸你是打中锋的材料，这几天正好集训，你跟我去看看吧。"按照当时的习惯，称呼教练为指导。张教练就是张栋材，大名响彻全国篮坛。我想，看看就看看吧。一到球场，看到天津队的队员们正打"顶牛"，三人一组半场对抗，谁先打进五个球谁赢，谁输谁下。这时，马德才冲大伙喊道："瞧，大冯来了！"

大伙儿马上停下了，走过来，个个身上是土，大汗淋漓地围着我看。一个戴眼镜的小矮个儿上来问我:"考上哪个学校了?"我立即认出他就是大名鼎鼎的张栋材教练,我说:"没考上。"他笑了笑,问我:"想来打球吗?"一听这句话,我心里顿时有了光明的感觉,但又不知他是否能看中我,迟疑地点了点头。正当我们保持着两三米的距离说话时,张教练忽地一抖腕子,传来一个直线球,又疾又快,直冲我来,我毫无准备。但一瞬间,我下意识地出手一挡,"嘣"地打飞了球。就这一下,张教练非要我不可!

后来进了天津队,我问他为什么要突如其来传那个球,他说:"我主要想看看你下意识反应能力,这是运动员最重要的素质!你那么大个儿,要是那个球打在你胸脯上,我肯定就不要你了。"

初识张教练,就对他心生敬佩,佩服他的灵敏与智慧。天津是近代中国篮球的发源地之一,新中国成立前就有许多球队。张教练是"紫外线"球队的前锋,机变神速,是任何对手都怵头的人物。自20世纪50年代后他担任天津队教练,不少弟子进了国家队成为国手。在训练方面他很有一套,首先要求运动员身体素质要很好。他很欣赏日本的"大松博文训练法",即超强度训练法。平时训练,比打一场比赛还累。他认为只有平时累,比赛才会轻松。每天早上,队员们要从五点钟跑步到七点钟,他自己骑个自行车在后面压阵,像放羊,谁慢了他就连喊带叫地赶谁。直到今天,还记得我们在晨雾中被他驱赶得狼狈不堪的样子。

同时,张教练又极力主张"要用脑袋打球",言下之意,就是要用智慧打球。这一点,我的体会又深又有趣。

记得一次是和山东队比赛。对方有个后卫,个子小,非常机灵。他善于用"阴招"。当你抢篮板球时,他就悄悄用手指夹住你的短裤边儿,这就能制住你了,让你不敢弹跳。就这样,好几次被他这个小个子"摘了帽",抢走了球。观众当然不知道我的"苦衷",大声喊:"11号大个儿,傻了?下去!"张教练就把我换下来。

下来之后,我对张教练说:"这不怨我,他用手捏我裤子边儿,我怎么跳?"没想到,张教练非但不表示理解,反而斥责说:"你的脑袋呢？想办法去！什么时候有了办法，什么时候再上场。"

人的聪明一半是给逼出来的。很快，我就有了办法。我跑到游泳队借了条游泳裤，黑色的，很紧。我把这游泳裤穿上，外边再套上运动短裤，并且故意将腰带弄松。上场之后，我不但不躲避那小个子，反而去靠近他，紧贴他，终于在抢篮板球——他又用手指夹住我裤边的时候，我猛地向上一蹿，短裤被他一直拉到脚脖子上。全场先是一惊，随即大笑，那小个子自然被罚下了。

比赛后，张教练说："我早看到他扯你短裤了，我换下你，就是让你想办法，你只有下来，才能有办法，明白了吧，打球主要是用脑袋。有人说，咱们是体力劳动者，其实咱们也是脑力劳动者。"张教练是一个充满智慧的人，他除去教给我许多体育技能之外，还教给我如何使力量结合智慧。有了智慧，可以四两拨千斤，可以战胜看起来十分强大的对手与困难。

尽管后来我离开了体坛，走上文坛，但他的那些话语，那些思想与智慧，是不能忘记的。体育本身给予了我们无限的人生启示；体育生涯也使我受益终生，无论是身体，还是心智。

大地震给我留下什么？

在我私人的藏品中，有一个发黄而旧黯的信封，里面装着十几张大地震后化为废墟的照片，那曾是我的"家"；还有一页大地震当天的日历，薄薄的白纸上印着漆黑的字：1976年7月28日。后边我再说这页日历和那些照片是怎么来的。现在只想说，每次打开这信封，我的心都会变得异样。

变得怎么异样？是过于沉重吗？是曾经的一种绝望又袭上心头吗？记得一位朋友知道我地震中家覆灭的经历，便问我："你有没有想到过死？哪怕一闪念？"我看了他一眼。显然这位朋友没有经过大地震——这种突然的大难降临是何感受。

如果说绝望，那只是地震猛烈地摇晃40秒钟的时间里。这次大地震的时间实在太长了。后来我楼下的邻居说，整个地动山摇的过程中我一直在喊，叫得很惨，像是在嚎，但我不知道自己在叫。

当时由于天气闷热，我睡在阁楼的地板上。在我被突如其来的狂跳的地面猛烈弹起的一瞬，完全出于本能扑向睡在小铁床上的儿子。我刚刚把儿子拉起来，小铁床的上半部就被一堆塌落的砖块压下去。如果我的动作慢一点，后果不堪设想。我紧抱着儿子，试图翻过身把他压在身下，但已经没有可能。小铁床像大风大浪中的小船那般癫狂。屋顶老朽的木架发出嘎吱嘎吱可怕的巨响，顶上的砖瓦大雨一般落入屋中。我亲眼看见北边的山墙连同窗户像一面大帆飞落到深深的后胡同里。闪电般的地光照亮我房后那片老楼，它们全在狂抖，冒着烟土，声音震耳欲聋。然而，大地发疯似的摇晃不停，好像根本停不下来了，就像当时的"文革"。我感到我的楼房马上就要塌掉。睡在过道上的妻子此刻不知在哪里，我听不到她的呼叫。我感到儿子的双手死死地抓着我的肩背。那一刻，我感到了末日。

但就在这时，大地的晃动戛然而止，好像列车的急刹车。这一瞬的感觉极其奇妙，恐怖的一切突然消失，整个世界特别漆黑而且没有声音。我赶紧踹开盖在腿上的砖块跳下床，呼喊妻子。我听到了她的应答。原来她就在房门的门框下，趴在那里，门框保护了她。我忽然感到浑身热血沸腾，就像从地狱里逃出来，第一次强烈地充满再生的快感和求生的渴望。我大声叫着："快逃出去。"我怕地震再次袭来！

过道的楼顶已经塌下来。楼梯被柁架、檩木和乱砖塞住。我们拼力扒开一个出口，像老鼠那样钻出去，并迅速逃出这座只要再一震就可能垮掉的老楼。待跑出胡同，看到黑乎乎的街上全是惊魂未定而到处乱跑的人。许多人半裸着。他们也都是从死神手缝里侥幸的生还者。我抱着儿子，与妻子跑到街口一个开阔地，看看四周没有高楼和电线杆，比较安全，便从一家副食店门口拉来一个菜筐，反扣过来，叫妻儿坐在上边，便说："你们千万别走开，我去看看咱们两家的人。"

我跑回家去找自行车。邻居见我没有外裤，便给我一条带背带的工作裤。我腿长，裤子太短，两条腿露在外边。这时候什么也顾不得了，活着就是一切。我跨上车，去看父母与岳父岳母。车子拐到后街上，才知道这次地震的凶厉。窄窄的街面已经被地震扭曲变形，波浪般一起一伏，一些树木和电线杆横在街上，仿佛刚遭遇炮火的轰击。电力全部中断，街两边漆黑的楼里发着呼叫。多亏昨晚我睡觉前没有摘下手表，抬起手腕看看表，大约是凌晨四时半。

幸好父母与岳父岳母都住在一楼，房子没坏，人都平安，他们都已经逃到比较宽阔的街上。待安顿好长辈，回到家时，已是清晨。见到妻子才彼此发现，我们的脸和胳膊全是黑的。原来地震时从屋顶落下来的陈年的灰尘，全落在脸上和身上。我将妻儿先送到一位朋友家。这家的主妇是妻子小学时的老师，与我们关系甚好。这便又急匆匆跨上车，去看我的朋友们。

　　从清晨直到下午四时，一连去了十六家。都是平日要好的朋友。在"文革"那种清贫和苍白的日子，朋友是最重要的心灵财富了。此时相互看望，目的很简单，就是看人出没出事，只要人平安，谢天谢地，打个照面转身便走。我的朋友们都还算幸运，只有一位画画的朋友后腰被砸伤，其他人全都逃过这一劫。一路上，看到不少尸首身上盖一块被单停放在道边，我已经搞不清自己到底是怎样还活在这世上的。中午骑车在道上，我被一些穿白大褂的人拦住，他们是来自医院的志愿者，正忙着在街头设立救护站。经他们告我，才知道自己的双腿都被砸伤。有的地方还在淌血。护士给我消毒后涂上紫药水，双腿花花的，看上去很像个挂了彩的伤员。这样，在路上再遇到的朋友和熟人，得知我的家已经完了，都毫不犹豫地从口袋掏出钱来。若是不要是不可能的！他们硬把钱塞到我借穿的那件工作服胸前的小口袋里。那时的人钱很少，有的一两块，多的三五块。我的朋友多，胸前的钱塞得愈来愈鼓。大地震后这天奇热，跑了一天，满身的汗，下午回来时塞在口袋里的钱便紧紧粘成一个硬邦邦拳头大的球儿。掏出来掰开，和妻子数一数，竟是71元，整个"文革"十年我从来没有这么巨大的收入。我被深深地打动！当时谁给了我几块钱，我都记得清清楚楚；现在事过三十年，已经记不清是哪些人，还有那些名字，却记得人间真正的财富是什么，而且这财富藏在哪里？究竟什么时候它才会出现？

　　画家尼玛泽仁曾经对我说：在西藏那块土地上，人生存起来太艰难了。它贫瘠、缺氧、闭塞。但藏民靠着什么坚韧地活下来的呢，靠着一种精神，靠着信仰与心灵。

　　个人对信念的恪守和彼此间心灵的抚慰。

　　大地震是"文革"终结前最后的一场灾难。它在人祸中加入天灾，把人们无情地推向深渊的极致。然而，支撑着我们生活下来的，不正

我用整整一个月的时间,才将震垮的房屋清理掉。那时真感到无家可归了。

是一种对春天回归的向往、求生的本能以及人间相互的扶持与慰藉吗?在我本人几十年种种困苦与艰难中,不是总有一只又一只热乎乎、有力的手不期而至地伸到眼前?

我相信,真正的冰冷在世上,真正的温暖在人间。

大地震的第三天,我鼓起勇气,冒着频频不绝的余震,爬上我家那座危楼。我惊奇地发现,隔壁巨大而沉重的烟囱竟在我的屋子中央,它到底是怎样飞进来的?然而我首先要做的,不是找寻衣物。我已经历了两次一无所有。一次是"文革"的扫地出门,一次是这次大地震。我对财物有种轻蔑感。此刻,我只是举着一台借来的海鸥牌相机,把所有真实的景象全部记录下来。此时,忽见一堵残墙上还垂挂着一本日历。日历那页正是地震的日子。我把它扯下来。一直珍存到今天。

我要留住这一天。人生有些日子要设法留住的。因为在这种日子里,总是在失去很多东西的同时,得到的却更多——关键是我们是否能够看到。如果看到了它,就会被它更正对人生的看法并因之受益于一生。

我与《清明上河图》的重重往事

冥冥中我感觉《清明上河图》和我有一种缘分。这大约来自初识它时给我的震撼。一个画家敢于把一个城市画下来，我想古今中外唯有这位宋人张择端。而且它无比精确和传神，庞博和深厚，他连街头上发情的驴、打盹的人和犄角旮旯的茅厕也全都收入画中！当时我20岁出头，气盛胆大，不知天高地厚，居然发誓要把它临摹下来。

临摹是学习中国画笔墨技术的一种传统。我的一位老师惠孝同先生是湖社的画师，也是位书画的大藏家，私藏中不少国宝；他住在北京王府井的大甜水井胡同。我上中学时逢到假期就跑到他家临摹古画。惠老师待我情同慈父，像郭熙的《寒林图》和王诜的《渔村小雪图》这些绝世珍品，都肯拿出来，叫我临摹真迹。临摹原作与印刷品是绝然不同的，原作带着画家的生命气息，印刷品却平面呆板，徒具其形——此中的道理暂且不说。然而，临摹《清明上河图》是无法面对原作的，这幅画藏在故宫，只能一次次坐火车到北京故宫博物院的绘画馆去看，常常一看就是两三天，随即带着读画时新鲜的感受跑回来伏案临摹印刷品。然而故宫博物院也不是总展出这幅画。常常是一趟趟白跑腿，乘兴而去，败兴而归。

我初次临摹是失败的。我自以为习画从宋人院体派入手，《清明上河图》上的山石树木和城池楼阁都是我熟悉的画法，但动手临摹才知道画中大量的民居、人物、舟车、店铺、家具、风俗杂物和生活百器的画法，在别人画里不曾见过。它既是写意，也是工笔，洗练又精准，活脱脱活灵活现，这全是张择端独自的笔法。画家的个性愈强，愈难临摹，而且张择端用的笔是秃锋，行笔时还有些"战笔"，苍劲生动，又有韵致，仿效起来却十分之难。偏偏在临摹时，我选择从画中最复杂的一段——虹桥入手，以为拿下这一环节，便可包揽全卷。谁料这不足两尺的画面上竟拥挤着上百个人物。各人各态，小不及寸，手脚如同米粒。相互交错，彼此遮翳；倘若错位，哪怕差之分毫，也会乱了一片。这一切只有经过临摹，才明白其中无比的高超。于是画过了虹桥这一段，我便搁下笔，一时真有放弃的念头。

我被这幅画打败！

重新燃起临摹《清明上河图》的决心，是在"文革"期间。一是因为那时候除去政治斗争，别无他事，天天有大把的时间；二是我已做好充分准备。先自制一个玻璃台面的小桌，下置台灯。把用硫酸纸勾描下来的白描全图铺在玻璃上，上边敷绢，电灯一开，画面清晰地照在绢上，这样再对照印刷品临摹就不会错位了。至于秃笔，我琢磨出一个好办法，用火柴吹灭后的余烬烧去锋毫的虚尖，这种人造秃笔画出来的线条，竟然像历时久矣的老笔一样苍劲。同时对《清明上河图》的技法悉心揣摩，直到有了把握，才拉开阵势，再次临摹。从卷尾始，由左向右，一路下来，愈画愈顺，感觉自己的画笔随同张择端穿街入巷，游逛百店，待走出城门，自由自在地徜徉在那些人群中……看来完成这幅巨画的临摹应无问题。可是忽然出了件意外的事——

一天，我的邻居引来一位美籍华人说要看画。据说这位来访者是位作家。我当时还没有从事文学，对作家心怀神秘又景仰，遂将临摹中的《清明上河图》抻开给她看。画幅太长，画面低垂，我正想放在桌上，谁料她突然跪下来看，那种虔诚之态，如面对上帝。使我大吃一惊。像我这样的在计划经济中长大的人，根本不知市场生活的种种作秀。当她说如果她有这样一幅画，就会什么也不要。我被深深打动，以为真的遇到艺术上的知己和知音，当即说我给你画一幅吧。她听了，

《清明上河图》画照。

那表情,好似到了天堂。

　　艺术的动力常常是被感动。于是我放下手中画了一小半的《清明上河图》,第二天就去买绢和裁绢,用红茶兑上胶矾,一遍遍把绢染黄染旧,再在屋中架起竹竿,系上麻绳,那条五米多长的金黄的长绢,便折来折去晾在我小小房间的半空中。我由于对这幅画临摹得正是得心应手,画起来很流畅对自己也很满意。天天白日上班,夜里临摹,直至更深夜半。嘴里嚼着馒头咸菜,却把心里的劲儿全给了这幅画。那年我32岁,精力充沛,一口气干下去,到了完成那日,便和妻子买了一瓶通化的红葡萄酒庆祝一番,掐指一算居然用了一年零三个月!

　　此间,那位美籍华人不断来信,说尽好话,尤其那句"恨不得一步就跨到中国来",叫我依然感动,期待着尽快把画给她。但不久唐山大地震来了,我家被毁,墙倒屋塌,一家人差点被埋在里边。人爬出来后,心里犹然惦着那画。地震后的几天,我钻进废墟寻找衣服和被褥时,冒险将它挖出来。所幸的是我一直把它放在一个细长的装饼干的铁筒里,又搁在书桌抽屉最下一层,故而完好无损。这画随我又一起逃过一劫。这画与我是一般寻常关系吗？

此后，一些朋友看了这幅无比繁复的巨画，劝我不要给那位美籍华人。我执意说："答应人家了，哪能说了不算？"

待到1978年，那美籍华人来到中国，从我手中拿过这幅画的一瞬，我真有点舍不得。我觉得她是从我心里拿走的。她大概看出我的感受，说她一定请专业摄影师拍一套照片给我。此后，她来信说这幅画已镶在她家纽约曼哈顿第五大街客厅的墙上，还是请华盛顿一家博物馆制作的镜框呢。信中夹了几张这幅画的照片，却是用傻瓜机拍的，光线很暗，而且也不完整。

1985年我赴美参加爱荷华国际笔会，中间抽暇去纽约，去看她，也看我的画。我的画的确堂而皇之被镶在一个巨大又讲究的镜框里，内装暗灯，柔和的光照在画中那神态各异的五百多个人物的身上。每个人物我都熟悉，好似"熟人"。虽是临摹，却觉得像是自己画的。我对她说别忘了给一套照片做纪念。但她说这幅画被固定在镜框内，无法再取下拍照了。属于她的，她全有了；属于我的，一点也没有。那时，中国的画家还不懂得画可以卖钱，无论求画与送画，全凭情意。一时我有被掠夺的感觉，而且被掠得空空荡荡。它毕竟是我年轻生命中整整的一年换来的！

现在我手里还有小半卷未完成的《清明上河图》，在我中断这幅而去画了那幅之后，已经没有力量再继续这幅画了。我天性不喜欢重复，而临摹这幅画又是太浩大、太累人的工程。况且此时我已走上文坛，我心中的血都化为文字了。

写到这里，一定有人说，你很笨，叫人弄走这样一幅大画！

我想说，受骗多半缘自于一种信任或感动。但是世上最美好的东西不也来自信任和感动吗？你说应该守住它，还是放弃它？

我写过一句话：每受过一次骗，就会感受一次自己身上人性的美好与纯真。

这便是《清明上河图》与我的故事。

春节八事

近来总有人问我个人怎么过年。我想不如写篇文字,谁问给谁看,省得说来说去重复自己。待提起笔来,忽想到清人李光庭在《乡言解颐》中写过的"新年十事"。"新年十事"写的是当时的风俗,我写的"春节八事"是个人过年的习惯。

一、郊区集市走一走

自20世纪80年代末,年年腊月十五日起,都要到郊区逛逛农民的集市。农民集市有规定的日子,或逢三或逢五或逢七,各有所依,所以我每年所去的集市不一定相同,反正大多在城西静海、独流、杨柳青一带。为的是感染一下年的氛围和劲头。要说年味浓,还得到乡间。看着姑娘媳妇们挑选窗花,迎头差点撞上一位扛着猪头的兴冲冲的大汉,年的气息便扑面而来。这几年常在外边考察,有时会错过腊月底逛城郊的集市。但在外边要是赶上车站成千上万民工回家过年,也会感受到年意的实实在在。

二、天后宫前转一转

天后宫一直是天津过年的中心。年的中心就是生活做梦的地方。近十余年，这里的剪纸空前兴盛，天津人脑筋活，手巧艺高，花样翻新，在年文化日渐淡薄之际，担当起点染年意的主角。故而每到腊月，我都会跑到宫前的大街上走走转转，挑选几张可意的剪纸，再买些这里的传统过年的用品如香烛绒花之类，把年的味道带回家中。

三、装点房间

年的氛围离不开装点。拿吊钱福字门花灯笼之类把房间里里外外一布置，年的架势就拉开了。记得在三十年前精神与物质都是最贫乏的时候，年根底下，下班回家，便会见到一卷花花绿绿的纸放在门槛前，打开一看，有剪纸楹联和吉祥图画，不用说，这是老友华非自写自画自刻自剪然后给我送上门来。他知道我这点年的情怀。

每逢此时，我还会把一些画挂在墙上。一是几幅珍藏多年的古版杨柳青年画。比如道光版的《高跷图》、咸丰版的《麟吐玉书》和《满堂富贵》等等，我喜欢从这些老画上感受昔日的风情。再有便是王梦白1927年画的《岁朝清供》。画面上边一株老梅桩，枝劲花鲜；下边一盆白描的水仙，笔爽色雅。长长一轴，画风清健，是其上品。有意味的是画上的题句："客况清平意自闲，生来淡泊亦神仙，山居除夕无它物，有了梅花便过年。丁卯除夕写此。王云梦白。"这幅画既有年的情致也有文人的追求，难得的是除夕之作，所以年年腊月都要高悬此轴，以此为伴，度过佳节。

四、备年货

每进腊月，友人们便笑道："大冯又忙年了。"年的心理是年货要备得愈齐全愈好，以寓来年的丰足。备年货时母亲是重点。母亲住在弟弟家，所以多年来一直要为母亲备足八样以年货一一送上。大致是玉丰泰的红绒头花，正兴德的茉莉花茶，还有津地吊钱、彰州水仙、宁波年糕、香烛供物、干鲜果品、生熟荤腥。母亲今年九十高寿，应让她尽享与寿同在美好的生活与年意。

五、祭祖

除夕之夜，祭祖是必不可少的。20世纪末去宁波老家省亲时，同族的一位姐姐叫冯一敏赠我四幅祖宗像。画像是明代的，气象高古，人物极有性格，应是杰作，因使我能够跨越近六百年，得见先祖容颜。自此，年年都要悬挂这几幅祖先像，像前摆放供案，燃烛焚香，以示感恩之情。昔时，家中有一牌位，刻着"天地君亲师"五个字。时至今日，除去"君"已不必再拜。"天地"、"亲"和"师"还是要拜的。我们的生命受惠于它们呵。所以年年除夕，祭拜天地师祖，必不可少。

六、写写画画

从初一开始，至少有三四天是属于自己的。平时上门找我的，多为公事。此间放假没有公事，我个人的事——写写画画便像老朋友一般来到眼前。一时笔墨仿佛都会说话。这几年，一些篇幅长些的文章和大画都是这几天干出来的。当然我还得关掉手机和座机。这一来，一种清静的感受从眼前耳边直至心底，真像是"与世隔绝"，亦可称之为"关门即深山"。我还嘲笑自己"大隐于世"呢。

七、文人雅集

每年初五，由老城区的政府做东，由我出面，邀集专攻津门地方历史文化的学者雅集一堂，这已成了津门文化界的一个"年俗"。南开区是津地本土文化最深切的地方，学者们自然乐意在此一聚。见面

年年初六,我都在一场热烘烘的为读者的签名中度过,我称这活动为"接地气"。

作揖,彼此拜年,谈古论今,快意非常。大家平时各忙各的,一年一度难得相见。这些"地方通"比方杨大辛、张仲、崔锦等等都是活的历史,近两年开始注意吸收年轻学者加入其中。历史文化总要代代传承。

八、接地气

逢到初六,我会到图书大厦或别的什么地方为读者签名。作家与读者既是被书本连接又是被书本隔开的知己。没有知己的作家无法成活。所以我每年初六都要为读者公开签名一次。签售的书是当年出版的新作,此外还有年年与《今晚报》文化部合作的"贺岁书"。是日,与热心读者相逢相见,签名留影,甚是亲切。有了读者,作家的心才踏实,故我称这种活动为"接地气"。往往签名一两个小时,直签得手腕酸软,心头却热烘烘。

随后就要带着这几天盈满心头的温暖的气息与年挥手告别。

前两天有记者问年该怎么过?我笑着反问,过年还用人教吗?我的答案是,从来年是有情日,谁想过年谁想辙。

守岁

一种昔时的年俗正在渐渐离开我们,就是守岁。

守岁是老一代人记忆最深刻的年俗之一,如今发生了变化——特别是城市人,最多是等到子午交时之际给亲朋好友打个电话发个短信拜个年,然后上床入睡,完全没有守岁那种意愿、那种情怀、那种执著。

我已不记得自己哪年开始不再守岁了,却深刻记得守岁那时独有的感觉。每到腊月底就兴奋地叫着今年非要熬个通宵,一夜不睡。好像要做一件什么大事。父母笑呵呵说好呵,只要你自己不睡着就行,决没人强叫你睡。

记得守岁的前半夜我总是斗志昂扬,充满信心。一是大脑亢奋,一是除夕的节目多;又要祭祖拜天地,又要全家吃长长的年夜饭,最关键的还是午夜时那一场有如万炮轰天的普天同庆的烟花炮竹。尽管二踢脚、雷子鞭、盒子炮大人们是决不叫我放的,但最后一个烟花——金寿星顶上的药捻儿,却一定由我勇敢地上去点燃。火光闪烁中父母年轻的笑脸现在还清晰记得。

待到燃放鞭炮的高潮过后,才算真正进入了守岁的攻坚阶段。大人们通常是聊天,打牌,吃零食,过一阵子给供桌换一束香。这时时间就像牛皮筋一样拉得愈来愈长了;瞌睡虫开始在脑袋喷撒烟雾。

无事可做加重了困倦感，大人们便对我说笑道：可千万不能睡呀。

我一边嘴硬，一边悄悄跑到卫生间用凉水洗脸，甚至独出心裁地把肥皂水弄到眼睛里去。大人们说，用火柴棍儿把眼皮支起来吧。

年年的守岁我都不知道怎么结束的。但睁眼醒来一定是在床上，睡在暖暖的被窝里。枕边放着一个小小的装着压岁钱的红纸包，还有一个通红、锃亮、香喷喷的大苹果。这寓示平安的红苹果是大人年年夜里一准要摆在我枕边上的。一睁眼就看到平安。

我承认，在我的童年里，年年都是守岁的失败者，从来没有一次从长夜守到天明。

故而初一见到大人时，总不免有些尴尬，尤其是想到头一天信誓旦旦要"今夜决不睡"之类的话。当然，我也会留意大人们的样子，令我惊奇的是：他们怎么就能熬过那漫长一夜？

其实很简单，因为他们知道为什么守夜。可是守夜的道理并不简单。

后来我对守岁的理解，缘自一个词是"辞旧迎新"。而首先是"辞"字。

辞，是分手时打声招呼。

和谁打招呼，难道是对即将离去的一年吗？

古人对这一年缘何像对待一位友人？

这一年仅仅是一段不再有用的时间吗？那么新的一年大把大把可供使用的时间呢？又是谁赐予我们的？是天地，是命运，还是生命本身？任何有生命的事物不都是它首先拥有时间吗？

可是，时间是种奇妙的东西。你什么也不做，它也在走；而且它过往不复，无法停住，所以古人说"黄金易得，韶光难留"。也许我们平时不曾感受时间的意义。但在这旧的一年将尽的、愈来愈少的时间里——也就是坐在这儿守岁的时刻里，却十分具体又真切地感受到时光的有限与匆匆？它在一寸一寸地减少。在过去一岁中，不管幸运与不幸，不管"喜从天降"还是留下无奈、委屈与错失——它们都已成为我们生命的一部分。在它即将离我们而去时,我们便有些依依不舍。所以古人要"守"着它。

守岁其实是看守住属于自己的时间与生命,表达着我们的生命情感。

然而,守岁这一夜非比寻常。它是"一夜连两岁,五更分二年"。因而,我们的古人便是一边辞旧,一边迎新。以"辞"告别旧岁,以"迎"笑容满面迎接生命新的一段时光的到来。新的一年是未知的,不免小心翼翼。古人过年要通宵点灯,为了不叫邪气暗中袭入;还在年画上所有形象都画上笑眼笑口,以寓吉祥。由于对未来的这种盛情,所以正月初一破晓"迎财神"的鞭炮更加欢腾。

于是,我们的年俗就这样完成岁月的转换,以"辞"和"迎"表达对生命的敬畏,以长长的守夜与天地一年一度地"天人合一"。

我们和洋人的文化真有些不同。洋人对新年只有狂欢,我们的心理似乎复杂得多,其情其意也深切得多。可是我们正在一点点离开这些。

这到底是因为农耕文明离我们愈来愈远,还是人类愈来愈强势无须在乎大自然了?

守岁渐行渐远。当然,我们不必为守岁而勉强守岁。民俗是一种集体的心愿,没有强迫。只盼我们守着这点对大自然和生命的敬畏吧。

除夕情怀

除夕是一年最后一天,最后一个夜晚,是一岁中剩余的一点短暂的时光。时光是留不住的,不管我们怎么珍惜它,它还是一天天在我们的身边烟消云散。古人不是说过"黄金易得,韶光难留"吗?所以在这一年最后的夜晚,要用"守岁"——也就是不睡觉,眼巴巴守着它,来对上天恩赐的岁月时光以及眼前这段珍贵的生命时间表示深切的留恋。

除夕是中国人最具生命情感的日子。所以此时此刻一定要和自己有着血缘关系的亲人团聚一起。首先是生养自己的父母。陪伴老人过年,有如依偎着自己生命的根与源头,再有便是和同一血缘的一家人枝叶相拥,温习往昔,尽享亲情。记得有人说:"过年不就是一顿鸡鸭鱼肉的年夜饭吗?现在天天鸡鸭鱼肉,年还用过吗?"其实过年并不是为了那一顿美餐,而是团圆。只不过先前中国人太穷,便把平时稀罕的美食当做一种幸福,加入到这个人间难得的团聚中。现在鸡鸭鱼肉司空见惯了,团圆却依然是人们的愿望年的主题。腊月里到火车站或机场去看看声势浩大的春运吧。世界上哪个国家会有一亿人同时返乡,不都要在除夕那天赶到家去?他们到底是为了吃年夜饭还是为了团圆?

此刻,我想起关于年夜饭的一段往事——

一年除夕,家里筹备年夜饭,妻子忽说:"哎哟,还没有酒呢。"我说:"我忙得都是什么呀,怎么把最要紧的东西忘了!"

酒是餐桌上的仙液。这一年一度的人间盛宴哪能没有酒的助兴、没有醉意？我忙披上棉衣，围上围巾，蹬上自行车去买酒。家里人平时都不喝酒，一瓶葡萄酒——哪怕是果酒也行。

车行街上，天完全黑了，街两旁高高低低的窗子都亮着灯。一些人家开始年夜饭了，性急的孩子已经噼噼啪啪点响鞭炮。但是商店全上了门板，无处买到酒，我却不死心，无论如何也不能让这顿年夜饭没有酒。车子一路骑下去，一直骑到百货大楼后边那条小街上，忽见道边一扇小窗亮着灯，里边花花绿绿，分明是个家庭式的小杂货铺。我忙跳下车，过去扒窗一瞧，里边的小货架上天赐一般摆着几瓶红红的果酒，大概是玫瑰酒吧。踏破铁鞋终于找到它了！我赶紧敲窗玻璃，里边出现一张胖胖的老汉的脸，他不开窗，只朝我摇手；我继续敲窗，他隔窗朝我叫道："不卖了，过年了。"我一急，对他大叫："我就差一瓶酒了。"谁料他听罢，怔了一下，刷地拉开小小的窗子，里边热乎乎混着炒菜味道的热气扑面而来，跟着一瓶美丽的红酒梦幻般地摆在我的面前。

我付了钱，对他千恩万谢之后，把酒揣在怀里贴身的地方。我怕把酒摔了，然后飞快地一口气骑车到家。刚才把酒揣进怀里时酒瓶很凉，现在将酒从怀间抽出时，光溜溜的酒瓶竟被身体捂得很温暖。

当晚这瓶廉价的果酒把一家人扰得热乎乎，我却还在感受着刚才那位老汉把酒"啪"地放在我面前的感觉。他怎么知道我那时为年夜饭缺一瓶酒时急切的心情？很简单——因为那是人们共有的年的情怀。

于是我又想起，一年的年根在火车站上。车厢里人满为患，连走道上也人贴着人地站着。从车门根本挤不上去，有人就从车窗往里爬。我看一个年轻人，半个身子已经爬进车窗，车里的熟人往里拉他，站台上工作人员往外拽他。双方都在使劲，这年轻人拼命地往车里挣扎。就在这时候，忽然站台上的人不拉了，反倒笑嘻嘻地把他推上去。我想，要是在平时，站台的工作人员决不会把他推上去，但此时此刻为什么这样做？为了帮他回家过年。

年，真的是太美好的节日、太好的文化了。在这种文化氛围里，人人无需沟通，彼此心灵相应。正为此，除夕之夜千家万户燃起的烟花，才在寒冷的夜空中交相辉映，呈现出普天同庆的人间奇观。也正为此，那风中飘飞的吊钱，大门上斗大的福字，晶莹的饺子，感恩于天地与先人的香烛，风雪沙沙吹打的灯笼和人人从心中外化出来的笑容，才是这除夕之夜最深切的记忆。

除夕是中国人用共同的生活理想创造出来——并以各自的努力实现的现实。

大年三十

今天是大年三十——中国人一年生活中最重要的日子。为什么这么说？

在漫长的农耕社会，人们生活的节律与生产的节律是一致的，而生产的节律又与大自然的节律合拍。大自然以一年为一个周期，分做春夏秋冬，人们的生产便是春种夏养秋收和冬藏，这也是生活最主要的内容，因而也是一个生产和生活的周期和人生的一年。这个周期过去，下个周期来临，周而复始，循环不已。在前后两个周期、两个年之间有一个节点，就是大年三十。

人们每次站在这个节点——大年三十这一天，都会强烈地感受到四个字：除旧迎新。

不管将离我们而去的这一年，有多少喜悦、欢乐、幸运、遗憾、失算和痛苦，此刻都已经跑到身后，我们面对着驾驭着春风而来的新的一年。

过去的一岁是已知的、既定的、不可更改的；新来的一年是未知的、费猜的、难以预料的。所以，人们的年心理总是小心翼翼。这种心理反映在民俗上就是种种禁忌。忌哭，忌摔碎东西，忌说不吉利的话，其实是巴望着昨日的麻烦与不幸不在明天出现。故而中国人在这一天习俗中不断彰显的两个意念是辟邪与祈福。门神、钟馗、鞭炮、压岁（祟）钱等等皆与辟邪相关；福字、春联、烟花、灯笼、财神、蝙蝠、八仙、金鱼、石榴等全都象征着对种种世间幸福的祈望。

习俗是一种被广泛认同、共同遵循与代代相传的精神方式。

这样，这个原本是大自然冬去春来的季节性的时间节点上，被注入了一种人间的精神理想。这种精神含着目标，理想充满浪漫，于是这一天就被创造出来了。

在靠天吃饭的农耕社会，生活不富裕，平时吃得差，穿得一般，过年这一天就非要新衣新鞋和鱼肉荤腥不可，哪怕辫子扎上"二尺红头绳"；平时一家人你在天涯我在海角，这一天便非要赶回家，把团圆的梦化为现实。生活被理想化了，同时理想也被生活化了。理想被拉到眼前，在大年三十成为现实，成为活生生的天伦之乐。究竟什么力量把这原本普普通通的一天如此神奇地放大。当然是年文化。中国的年文化有多厉害！

年文化不是哪一天建立起来的。它是数千年历史中不断创造、选择、约定俗成和不断加强出来的。它通过大量密集的民俗方式，五彩缤纷的节日包装，难以计数的吉祥图案，构筑起年的理想主义的景象。它既有视觉（颜色与图像）的、听觉（鞭炮与拜年的呼声）的、味觉（应时食品）的、又有嗅觉（香火和火药）的；它们占有了我们所有感官，直到心灵。我们创造的文化迷住了我们自己。由此我们懂得，真正的文化不在大轰大嗡的用金钱造势的文化节上，而是看它是否浸入人的心灵和血液中。看一看当今年年腊月里的春运就会感受到文化有多大力量。一亿多人加入到浩浩荡荡"回家过年"的春运队伍。除去春节和年文化，谁能调动起如此阵势的千军万马？这一刻，深深地感受到中华文化深刻地潜在我们的血液里，一年一度地发作一次。

回家就是为了大年三十。这一天意味着故乡、热土、父母、家园、血缘、根脉。这一天是人们创造的文化为自己规定的团圆的时刻。因此，这一天的文化氛围是激情、温馨、和谐与富足。

当然，生命也在这一天经历着特别的感受。

不管怎样兴致勃勃地打算着未来的一年，但毕竟要与眼前一点点失不再来的时光依依惜别,并开始与陌生的时光发生接触。中国人不像西方人那样倒计时地数着数字迎接新年,然后狂欢,而是静静地"守岁"。守着只有在这一段时间才能看见来去匆匆的生命时间的珍贵。你体会过唐太宗在《守岁》诗中"迎送一宵中"的感觉吗?

小时候大年三十午夜燃放鞭炮过后,守岁的大人们仍不见困意,孩子们却一个个挺不住了。我还跑到水管前,把凉水揉进不争气的疲软的眼皮。宋人苏轼不是也说"儿童强不睡"吗?那一刻会感到长夜无边的意味,随后便浑然不觉、流烟一样地进入了软软的梦乡。待一睁眼,第二天,也是新的一年的头一天,眼前一片闪闪发光,异常明亮,好像什么都是新的,包括空气。

时间有时也是空间。

当我们从旧的一年跨入新的一年,就像从一个空间走进另一个空间。这个崭新的空间又大又空,充满不曾使用过的时间。人们在这一瞬的期望是万象更新。

那时的孩子们会忽然看到一个又大又红的苹果摆在枕边,原是大人在年夜里悄悄放在这里的,香喷喷地散发着一种深切的祝福——终岁平安。

就这样,人生又一个大年三十已经留在记忆里了。

春节，怀旧的日子

在我们把春节的由来、内涵、习俗、意义都说过说透之后，忽然发现还忘了说——春节是一种特定的情感。

在所有春运的运载车辆上，那些挤成一团、千辛万苦的人，没有一个知难而退，全都坚定地渴望着去实现一种情感的目标：回家。急渴渴地扑到家，一推开门，即刻融化到自己生命源头的温暖里。

那里有你的父母，甚至爷爷奶奶，守家在地干活营生的兄弟姐妹，他们全朝你喜笑颜开；还有那些分外亲切的老桌子老柜子老东西老景象，以及唯有你的老巢才有的那股子的勾魂摄魄的气味。

跟着，与你的巢紧紧相连的纷沓而至：至爱亲朋、旧交老友、昔时伙伴、左邻右舍，还有老街老巷、乡土风物与小吃。可能你离家太久，或在外边拼打多年，渐行渐远的往事已经滑到记忆边缘，但此时此刻偶然碰到一个什么细节，会把沉睡在你心中深处的故旧一下子拽到跟前。记得一次在街头碰到一位阔别了至少三十年的中学同学，那一瞬忘了他的名字，却脱口叫出他的外号"大牙"——他的门牙又长又大，而且往外龇。那时同学们给他起了个外号叫"大牙"。谁料到此刻这个外号仿佛有种神奇之力，把我们热乎乎地拉回到真率无邪、亲密无间的少年时代。我们开始问对方、说自己、谈现在、聊过去；所说到的当年的同班同学时，也多是外号，惹起我们阵阵大笑。就这样站在街头长谈竟有一个小时。

从中,你会感慨人生的急促,时光的无情,生命的无奈,同时又获得唯有回家过年才有的满足。然而一年里只有这些天,可以实实在在触摸到昨天与前天。仿佛进了奇妙无穷的时光隧道,还会情不自禁地往里钻。

虽然过年,我们是辞旧迎新,迎着春天往前走,但我们享受到的更多的情感却是怀旧。

春节里一种特定的情感是怀旧。春节是个怀旧的节日。

怀旧,是对过往生活的一种留恋,一种对记忆的追溯与享受,一种对人生落花的捡拾。

每个人的心底都有怀旧的需求,春节的回家过年则是满足所有是人的这种情感需要;为此春运才有如此磅礴的力量。由故土、血缘、乡情汇集而成的巨大的磁场,布满在大地山川每个城市与村庄。这磁场产生效力与魅力既是感情的力量,也是文化的力量。

民俗是缘自共同需求而共同认定的方式。需求是精神的、情感的、心理的,而方式是一种文化。当这共同的需求"约定俗成"了,所有人就会遵从这种民俗方式而行动,比如回家过年。民俗不是强迫的,却是自愿的和自律的。它是一种共同需要和共同表达,同时每个人的精神情感都可以充分发挥。这样,春节才成了我们的必须。

由此而言,我们所有民俗节日都是情感的表达,所表达的情感各有不同。清明是对先人的怀念,端午则是张扬生活的激情,七夕是表达男女对爱的忠贞不渝。其中,不少节日都与团圆——即家庭和血缘的亲情相关,比如中秋。但中秋与春节还有所不同,中秋不强调"回家",不会有出现交通拥堵的"秋运"。唯有春节才是中国人集体怀旧的日子。因为在节令中,春节是辞别旧岁。在辞旧中必然引发怀旧。

这样,我们便通过千百年来人们集体创造并衍传至今的一系列民俗方式,如团圆饭和拜年等,把心中的亲情、乡情、怀旧之情尽情地表达与宣泄。由此,家庭得到一次凝聚,故乡的热土得到一次升温。其实这就是文化赋予中华民族五千年来生生不息的凝聚力。

每一个身在异乡回家过年的人，在度过了春节之后，内心不都感受到补偿了对亲人一种长时间的亏欠，并在情感上得到深切的满足吗？

所以说春节是中国人怀旧的日子。

团圆，春节的第一主题

如今我们都是使用公历计日，可是一入腊月，特别是小年之后，却不知不觉改用起农历来了。尤其是从腊月二十三到正月十五，好似回到了两千多年前司马迁的《太初历》。

谁叫我们这样做的？不知道。反正只要改用这传统的历法与称谓，那一天特定的内容、含义、情感与滋味便油然而生。

我的外甥女在美国生活多年，只要她过年赶不回来，除夕之夜打来的越洋电话里，连声音都变了，一种异常的兴奋与亲切好似喊出来的，与平日电话的声调迥然不同。为什么春节总会给我们一年一度分外的人情的温暖与高潮？然而，正是为了这种非同寻常的"情感时刻"，我们中国人才会"每逢佳节倍思亲"，回家过年时才有归心似箭的感觉。

于是团圆成了春节的第一主题，也是春节最重要的情怀。

其实团圆也是其他一些节日的主题，比如中秋和元宵。但由于春节还是一种标志着生命消长的节日，对团圆的心理需求就来得分外深切。因此，团圆一定要在关键的除旧迎新的大年之夜来实现。举家一同祭祖敬天，吃年夜饭，燃放爆竹和守夜达旦。团圆首先是家庭的。中国人把家庭为单位的血缘关系看得尤为重要。珍重骨肉亲情，鄙视六亲不认。一家人围着一桌五光十色的美酒美食，全家老小，一个不少，泯去嫌隙，合家欢聚，尽享孝道、手足、夫妻、子孙之情和天伦之乐，不一直是几千年来黄土地上的人间梦想吗？

于是，这情怀使得腊月里中华大地上所有的城乡、所有家庭都变成情感的磁场。而每一次全家欢聚都必然再一次加深这团圆的情怀。这不就是"年文化"吗？

谁说中国的节日都成了饮食节？节日的饮食也都是有主题的。年夜饺子决不同于一般饭店里的饺子。它和月饼、汤圆、春饼、腊八粥、子推燕、年糕一样，都是有"魂儿"的。我们品味的既是它们的味道，更是个中的意味。

进而说，中国人很会安排春节。从报信儿的腊八到压轴的元宵，其间长长的将近四十天。中国人是这样编排年的节奏的——

年前主要是从外边往家里忙。先是人们从四面八方往家里赶，然后是置办年货，打扫房舍，装点生活，筹划年夜饭等各类事项。这是从外向里使劲。

中间是过年，过大年三十。三十是高潮，高潮是团圆。

然后，进入新年，使劲的方向开始反过来，变为由里向外用劲。正月第一件大事是拜年。拜年先长辈后同辈，先近亲后远朋，逐渐扩大到社会的旧友熟人，最后便是全社会广场街头的元宵欢庆。就这样，年结束了，人们又纷纷回到各自生活和工作的地方。

只有整体地看，才能看出团圆在年中间的位置，以及它在人间的必不可少。

当然，春节远不止一个主题。另一个重要的主题是迎春。

春节处在大自然冬去春来的时日。古人用辞旧迎新四个字表达对大自然一种很深切的情感与敬意。告别去岁的生命时光，迎接天地新的馈赠。未来的空间阔大而光亮，充满着未知，也一定福祸并存。人们便祈福驱邪，由古至今，莫不如是。

尤其在农耕时代，春是新一轮农耕生产的开始，也是与生产密切相关的新生活的开始。人们便对春字分外地敏感。春是未来一年生活的象征。

尽管春节时往往还是天寒地冻，但大多立春的节气在过年期间。我们祖先在"春打六九头"中用了一个"打"字，把春天表达得亲切可爱，充满活力。人们对春之亲昵则是立春时节习俗中"咬春"的那个"咬"字。就像抱着婴儿，轻轻咬一咬他细嫩芬芳的小胳膊小腿儿。倘若遇到暖冬一年，柳条会悄悄提早变软，像胶条那样能打过弯儿来，不会折断。在江南凉凉的融雪的气息里，往往可以冷不丁地闻到春的气味，精神为之一振。

人们在春节中呼唤春，巴望春，迎接春；因而称门联为"春联"，称酒作"春酒"等等，甚至在红纸上书写一个大字"春"，贴在大门上，表示对春的敬候。

广义的春是新生活的开始。所以，迎春也做迎新。那么年俗文化中一切祈福的内容莫不包含迎春的意味。

迎春和迎新是恭恭敬敬的。

这因为中国人的传统对天地是敬畏的。一是因为我们生活的一切都来自于天地，受惠于天地，自然心怀无尽的感激；二是天地有自己的规律与特性，不能违反，顺之则吉，乱之则凶，对其不能不敬畏；三是天地于人仍是秘密，多半不可知，故而吉凶难测。面对新生活，不能盲目的乐观，而要虔敬天地，善待万物，庄重地对待生活。先前过年都要立一块牌位，写上"天地君亲师"五个字，恭恭敬敬拜一拜。现在很少有人再拜了。其实，唯"君"不必再拜，如今世已无君。其他如天地、亲人、师长倒还是拜一拜好。

当然，春节的主题不止于此。还有祥和、丰收、平安、富贵等等，它们都是人们生活最切实的愿望。中国的春节不同于西方的圣诞。春节是个理想化的节日，这理想是一种人间生活的愿望。它经过全民族共同的创造与认定，约定俗成，成为年俗。因此说，年俗所表达的是中华民族集体的精神情感及其方式。正是这种年俗保持了我们民族独特的精神情感的基因，一年一度增强了民族自我的亲和与凝聚。因此说，它是中华民族五千年生生不息的深在的缘故之一。这样好的年，不应该好好过一过吗？

黄山绝壁松

黄山以石奇云奇松奇名天下。然而登上黄山，给我以震动的是黄山松。

黄山之松布满黄山。由深深的山谷至大大小小的山顶，无处无松。可是我说的松只是山上的松。

山上有名气的松树颇多。如迎客松、望客松、黑虎松、连理松等等，都是游客们争相拍照的对象。但我说的不是这些名松，而是那些生在极顶和绝壁上不知名的野松。

黄山全是石峰。裸露的巨石侧立千仞，光秃秃没有土壤，尤其那些极高的地方，天寒风疾，草木不生，苍鹰也不去那里，一棵棵松树却破石而出，伸展着优美而碧绿的长臂，显示其独具的气质。世人赞叹它们独绝的姿容，很少去想在终年的烈日下或寒飙中，它们是怎样存活和生长的？

一位本地人告诉我，这些生长在石缝里的松树，根部能够分泌一种酸性的物质，腐蚀石头的表面，使其化为养分被自己吸收。为了从石头里寻觅生机，也为了牢牢抓住绝壁，以抵抗不期而至的狂风的撕扯与摧折，它们的根日日夜夜与石头搏斗着，最终不可思议地穿入坚如钢铁的石体。细心便能看到，这些松根在生长和壮大时常常把石头从中挣裂！还有什么树木有如此顽强的生命力？

我在迎客松后边的山崖上仰望一处绝壁，看到一条长长的石缝里生着一株幼小的松树。它高不及一米，却旺盛而又有活力。显然曾有一颗松籽飞落到这里，在这冰冷的石缝间，什么养料也没有，它却奇迹般生根发芽，生长起来。如此幼小的树也能这般顽强？这力量是来自物种本身，还是在一代代松树坎坷的命运中磨砺出来的？我想，一定是后者。我发现，山上之松与山下之松决不一样。那些密密实实拥挤在温暖的山谷中的松树，干直枝肥，针叶鲜碧，慵懒而富态；而这些山顶上绝壁松却是枝干瘦硬，树叶黑绿，矫健又强悍。这绝壁之松是被恶劣与凶险的环境强化出来的。它遒劲和富于弹性的树干，是长期与风雨搏斗的结果；它远远地伸出的枝叶是为了更多地吸取阳光……这一代代艰辛的生存记忆，已经化为一种个性的基因，潜入绝壁松的骨头里。为此，它们才有着如此非凡的性格与精神。

它们站立在所有人迹罕至的地方。那些荒峰野岭的极顶，那些下临万丈的悬崖峭壁，那些凶险莫测的绝境，常常可以看到三两棵甚至只有一棵孤松，十分夺目地立在那里。它们彼此姿态各异，也神情各异，或英武，或肃穆，或孤傲，或寂寞。远远望着它们，会心生敬意；但它们——只有站在这些高不可攀的地方，才能真正看到天地的浩荡与博大。

于是，在大雪纷飞中，在夕阳残照里，在风狂雨骤间，在云烟明灭时，这些绝壁松都像一个个活着的人：像站立在船头镇定又从容地与激浪搏斗的艄公，战场上永不倒下的英雄，沉静的思想者，超逸又具风骨的文人……在一片光亮晴空的映衬下，它们的身影就如同用浓墨画上去的一样。

但是，别以为它们全像画中的松树那么漂亮。有的枝干被飓风吹折，暴露着断枝残干，但另一些枝叶仍很苍郁；有的被酷热与冰寒打败，只剩下赤裸的枯骸，却依旧尊严地挺立在绝壁之上。于是，一个强者应当有的品质——刚强、坚韧、适应、忍耐、奋取与自信，它全都具备。

现在可以说了，在黄山这些名绝天下的奇石奇云奇松中，石是山的体魄，云是山的情感，而松——绝壁之松是黄山的灵魂。

绵山奇观记

凡是名山，必有奇观。何谓奇观，天下罕见之神奇者也。那么，深藏在三晋腹地的绵山呢？

绵山以寒食清明节的发源地闻名于世。也许是寒食清明的名气太大，遮掩了它种种的神奇。今年清明时节，去到绵山拜谒大情大义的介子推墓，进山一看，吃了一惊，绵山竟藏龙卧虎有此绝世的奇观！

归来与友人侃一侃绵山的见闻。友人便给我出了一道题："你能给绵山的神奇起个名目吗？"我说："至少三大奇观。"友人说："说说看，哪三样奇观？不过，每一样必能称奇于天下，方可谓之奇观。"我听罢笑而道来——

第一样是宗教奇观：包骨真身。

早听说古代高僧修成正果，圆寂之后，身体不坏，僧人们便请来彩塑工匠，以泥土包其身，依其容塑其形，人称包骨真身像。佛教中，高僧尸体火化后米粒状的凝结物，称做舍利，被视做勤修得来功德的成果与标志。而这种圆寂后身体不坏的高僧更具同样的意义，因有全身舍利一说。全身舍利十分罕见，佛教有把全身舍利制成造像来供奉的习俗。此地人称之为包骨真身像。一般的佛像都是用泥土草木塑造的，而把全身舍利置于其中的包骨真身像则蕴藏着高僧们的追求与精神，自然对敬奉者有一种震撼力和影响力。要有怎样坚定的意志和信念，才能成就这样的正果？

所有包骨真身都是古代留下来的。如今不再有了，故极其珍罕。然而，谁会想到绵山上竟还有十六尊之多！大都完好地保存在山中。

在古代绵山，修炼一生的高僧，自知大限将至，便由一根铁索攀至山顶，或通过一个临时搭架的木梯爬到悬崖绝壁上天然的洞穴里，停食净身，结跏趺坐，瞑目凝神，安然真寂。据说只有真正修成的高僧才能肉身不腐。其中还有四位道士，也是同样的苦修而成者。由于躯体风干后抽缩，体量显得比常人略小，其神气却栩栩如生。三晋彩塑艺人的技术真是高超绝伦，居然把每一位"包塑真容"者的个性都传达出来。有的仁慈和善，有的忧患悲悯，有的明彻空灵，有的沉静淡定。他们大多是唐宋金元几代的高僧与道人，至今最少也有七八百年甚至上千年！岁月太长，泥皮破裂，里边露出衣袍；那位宋代高僧师显的手指甲和脚筋也能清晰地看到呢！历史赤裸裸和千真万确地呈现在眼前。一种坚韧追求的精神得到见证，令人敬佩。当今世上有几个地方还能见到这样宗教的奇观？

再一样是山水的奇观。

先说山。绵山以石为骨骼，土为血肉，树为衣衫。山多巨岩，往往直立百丈，巍然博大，颇为壮观。最奇特的是这些巨岩的半腰或下部，常常向内深凹进去，有如大汉吸腹，深邃如洞。里边既宁静又安全，无风无雨，冬暖夏凉。绵山里这种内凹的岩洞随处可见，最大的要算是云峰寺山的抱腹岩，中间竟然凹进去五六十米，高五六十米，宽竟达二百米！我此次到绵山已是春暖花开，岩腹内冬天里冻结的冰竟然依旧坚硬不化。古人早就看上这大自然神奇的恩赐，便在这巨大而幽深的岩腹里建庙筑寺。自三国以降，历代修建的庙宇层层叠叠，高低错落，优美异常。年年逢到庙会，来朝拜的香客多达万人。一时香烟缭绕，溢满岩腹。这样的奇观何处之有？

绵山的山奇水亦奇。

原以为绵山多石，水必定少。山里的人却告诉我一句不可思议的话："绵山山有多高，水有多高。"待我山上山下留心察看，竟然真的

《包骨真身像高僧师显》，通高90cm，唐代彩塑，正果寺高僧殿。

如此。不单溪水在谷底奔流，就连近两千米的龙脊岭和李姑岩的极顶也可以见到泉水从石缝里涓涓冒出。奇怪的是，这些水好似从石头里溢出来的。有的像雨水一样滴滴答答落下来，有的汇成细流沿着石壁蜿蜒而下，有的从岩石里渗到表面，湿漉漉地洇成一片。难道绵山的石头里都是水——就像古人所说，好的石头都是"负土胎泉"？

绵山最神奇的水莫过于圣乳泉。

圣乳泉在一块巨大的石壁上，但不是挂在石壁之上，而是从岩石的裂缝或洞眼里一点点淌出来的。时间太久，渐成石乳，饱满地隆起在岩壁上。这泉水便沿着圆圆的石乳头亮晶晶地滴下。

关于圣乳泉的传说，与寒食节有关。据说那位春秋时晋国大臣介子推搀扶母亲避火来到这里，一时口渴难忍，正巧绵山的五龙圣母路经此地，解开衣襟以乳水相救。但是火太大了，把圣母的双乳烧成石乳，五龙圣母就把石乳留在这里，以帮助山中口渴的人。人们感激圣母，称之为圣乳泉或母奶泉。据说这圣乳慈爱有灵，每一百年会再生出一对石乳来。从春秋至今两千五百年，岩壁上大大小小的石乳已生出二十五对。大的如枕头，小的似南瓜，而且全都是对对成双，酷似妇女的双乳。如果饮一口这圣乳滴下的泉水，还真的甘甜清洌、沁人心脾！

传说的圣乳是一种理想，现实的石乳却更奇异。所有石乳都长满厚厚的生气盈盈的绿苔，好似毛茸茸翠绿色的乳罩。有时上边还生出一种紫色小花，娇艳可爱。

这美丽而神奇的圣乳不是绵山独有的奇观吗？

更加惊心动魄的绵山奇观是——挂祥铃。这原本在唐代是一种祈雨谢佛的法事活动，渐渐已演化为绵山一带的民间习俗。

绵山的挂祥铃在抱腹岩的空王寺。人们在寺中拜求空王佛许愿或还愿之后，便请专事挂铃的艺人上山，将一只水罐大小的铜铃挂在岩腹上方陡峭的岩壁上。

挂铃之举十分惊险。艺人先要爬到山顶，将一条绳索系在松树上，然后扯住绳索一点点降落下来，直至岩腹上方，遂以绳荡身，直到贴附岩壁，再把铜铃牢牢挂在洞口上方的岩壁上。整个过程令人心惊胆战。艺人只身悬吊，下临无地，全凭一根绳索，需要非凡的胆量与技能，是不是非此不能表达对佛的虔敬？故而，每每将铜铃挂好，随即燃放红鞭一挂，以庆事成，亦报吉祥。

挂祥铃这个古俗为绵山人所喜爱，千年不绝。如今抱腹岩洞口挂着铜铃密密麻麻一片，山风吹来，铃声叮当，清脆悠远，与下边寺庙中的钟鼓和梵乐合奏成乐，悦耳亦悦心。此情此景此民俗，何处还有？

友人听我讲到这里，已然目瞪口呆。他的眼神似在问我还有什么奇观？

我说，山里的人们陪我登上龙脊岭时，遥指远处叫我看。只见起伏的山影宛如蓝色波涛，重重叠叠；其中几个峰巅，似有小屋。他们说，那山顶上近一处叫草庵，远一处叫茅庵，都是古庙，由于山高路远，没人去过。那儿有何奇人奇物奇事奇观，尚不可知。我所见到的绵山奇观，不过是厚厚的一本书前边的几十页而已。

日全食神话

宇宙中所有星球的生命轨迹都是旋绕的曲线。无论是行进中的自旋，还是相互的缠绕。这些曲线优美、舒展又自由。

其中，最神奇的一刻，是月亮忽然绕到我们和太阳中间。据说这种事情差不多一个世纪才有一次。

此刻月亮把太阳遮住，不叫太阳发光，于是白天陡然变成漆黑的夜。太阳好像被什么吃掉了，所以我们称这奇观为日全食。

月亮和太阳本来都是发光的——且不管科学家说什么月亮的光来自太阳。太阳的光给我们光明，赋予世间千颜万色，赐给万物以生命的活力；太阳还使我们目极四方，甚至能看到空中游动着的浮尘的微粒。我们光明无限的白天完全是太阳创造的！

月亮虽然无力把黑夜变成白天，却能用它柔和的银辉帮助我们在夜的混沌中找到道路；它还像灯一样高悬星空，使空旷和寥廓的天上不寂寞，并使大地呈现出朦胧的诗意。月光与日光同样是地球不能缺少的。如果没有月光，世界在一半的时间里就会变成一张黑纸。

可是，两个同样发光的伟大的星球为什么碰到一起，反倒没了光——既无日光又无月光？难道天空不能容许日月同辉吗？它们是天敌吗？同性相斥吗？一山不能容二虎吗？是因为它们的相克、妒忌、排斥，乃至搏斗才出现日全食吗？

如果这样想下去,一个"准神话"就会冒出来了吧,后羿那样的恶人就要出现了吧。

但我不喜欢这种想象,也不让这种可怕的想象再发展下去。

忽然,我在《灵性》中写过的一句话跳到眼前:

热烈的太阳永不停歇地追随月亮的爱,于是日复一日,年复一年。

天天清晨,当太阳这个穿着亮晃晃金衣的男子从东边的地面冒出来,风风火火地寻找月亮,月儿早已经跑到西边大地的尽头了,而且很快就消失不见。太阳沿着月亮行走的路线一路追去,等到太阳追到大地的西边并很快消失时,月亮却默默地飘浮到我们的头顶上。她为什么躲避他?如此执著,如此坚决。这是一种永恒的拒绝,还是缘自一个古老的、遥不可知的悲剧?古老的神话中不就有过这样的主题:自由的爱情触犯了天规而带来一个永不休止的惩罚,比如牛郎织女?牛郎织女只准每年相见一次,这是没有爱情自由的时代最可怕的想象了。然而,日月的相逢却一个世纪才被准许一次。于是我们明白了,牛郎织女在鹊桥上相拥而泣时,带给人间的常常是一阵冷雨。这百年一次的日月重逢,叫我们看到的却是人间万里的黑天黑地。

原来这一刻的漆黑布满了日月的悲情。所有悲剧中的相逢都不是极致的欢乐,常常是痛苦的高潮。那么,世人争看的日全食,原是日月紧紧相拥时震撼人心的悲剧形象了!

然而,这一次他们相逢的时间不算太短。他们始自中东,途经印度,横穿中国,然后到日本……一直紧拥不弃。他们最终是在太平洋上空分开的吗?谁看到了他们最后分开的一刻?那一刻是一阵电闪雷鸣、风狂海啸,还是静如死别?没人知道。

也许有人会对我说,在科学面前,你这些话全是痴人做梦。

是的,科学从来都是解构神话的。随着科学的发展,神话会一个一个破灭。当飞船飞抵月球,嫦娥和吴刚的神话便不复存在;自从人工可以打炮催雨,谁还会相信龙的法力?

然而，科学却不会破灭神话。因为科学解释自然，神话安慰心灵。就像人成熟了之后，依然还会喜欢小猫小鼠小龟小鸟们开口说话，喜欢唐老鸭、孙悟空、渔夫和金鱼的故事和卖火柴的小女孩。有人说，神话和童话都是人类童年的梦，这话其实只对了一半。神话既然不从属于现实而从属于心灵，神话一定是人永恒的梦。

广东会馆观戏记

在国内仅存无多的古代雕花戏楼——天津广东会馆里演一场"复原津沽老戏园",这已是第三次了。为什么叫"复原津沽老戏园"?因为这不是一般演戏,此乃台上演戏,台下演看戏。不仅台上边要依照老规矩在台口摆上水牌子,端着水壶给唱得口干舌燥的演员饮场等等;至于台下边的桌椅怎么摆,卖东西的小贩怎么吆喝,甚至连观众怎么看演也一切复活如昨。整个戏园子好似时光倒流,一下子蹦到一百年前。

第一次这么演是在1991年"天津杨柳青国际年画节"上。当时的想法是为了叫中外贵宾领略一下天津卫的市井风情。那次的"活儿"做得够细。开场前,三位话剧演员扮成当年会馆馆主的模样,身着民国初年的长衫,跑到戏楼门口迎接宾客。开场锣之后的冒戏是今世罕见的《跳加官》。《三岔口》的演法更是"老一套",饰演刘利华的脑袋上顶一个猪尿泡,里边装着稀溜溜的红颜料,上边再放一片房瓦,任堂惠一拳砸在上边,瓦裂尿泡破,红汤子下来,刘利华血流满面,这一招称做"砸瓦带血"。演出的戏单子是请杨柳青年画社的老师傅用梨木板刻的,印在黄色的粉莲纸上。演出时,几个穿短打的伙计跑上来,将热毛巾把儿楼上楼下,扔来扔去,手巾把儿带着热气,在剧场上空划成一道道长长的白烟,十分美妙。那次的看客除去我请来的三十多个国家的文化参赞,还有京都名流如吴祖光、黄苗子、谢添、丁聪、郑榕、杨宪益等几十位,其中多人今已辞世,可是当时他们脸上那种给天津卫的市井味儿迷得瞠目结舌的种种样子,至今还清晰地留在我们的记忆里。

第二次是我的小说的日文翻译纳村公子,带着一些日本的作家记者来津访问。他们很想体会一下天津的味道,尤其是纳村公子,她译过我的《三寸金莲》和《阴阳八卦》。更想到书里边的天津老城里走一走。可是老城已经扒了,到哪里去看?于是我想到"复原津沽老戏园",于是照方吃药,在广东会馆里又演一次。但这一次只有演戏,没演看戏。然而广东会馆里古雅又深厚的文化氛围是别处没有的。仍然叫这些日本文化人着迷、倾倒又吃惊。

第三次是这次。十多个国家的文化学者和几十位国内文化大家来津参加"人文精神与大学教育研讨会"。这次得叫他们真正领略到津沽文化的魅力。于是一边把他们的住宿安排在利顺德饭店的老楼,以感受天津历史上"洋"的一面;一边又预备一场"复原津沽老戏园",叫他们好好享受天津"土"的一面。王蒙住进美国总统胡佛曾经住过的那间三〇九号房,很感慨地说:"来天津无数次,都住在大宾馆里,大宾馆到处都一样。这次才亲身感受到天津在历史上的实力。"这就体现出遗产的价值了。

这次的演出由文联、戏剧博物馆、京剧院几家合力为之,大伙都尽心尽力,筹备工作做得更细。戏目上安排了《三岔口》、《拾玉镯》、《秋江》和《挡马》四出折子戏,都是国戏的尖子。前边还有含灯大鼓和重蹬技,也全是天津曲杂的招牌剧目。依照天津文化特点,场场都有天津人所看重的"绝活"。谁叫绝活震住了,谁就感受到天津的文化魅力。

这一次,在"演看戏"方面下的功夫还要大。不仅桌上的茶水零食,全遵照传统。不仅五香花生、酱油瓜子、陈皮梅和橘子香蕉一样不缺,收藏家何智华先生还邀来二十多位天津老乡热情助阵,他们一律穿上何先生珍藏的清末服装,坐在人群中表演看戏。别看他们不是真正演员，看戏看得入迷之后可就跟"真"的一样了。开锣之后，几位年轻的"小贩"先上来卖糖堆、高干、萝卜、烟卷，两位"伙计"专送热手巾把儿，他们都演得惟妙惟肖。文联的一位懂行同事出了个好主意，另请来三十位老戏迷参差在观众之中。这其中的好处，待到本文最后再说。

四出折子戏都演得好，天津的京戏演员真是个个都棒极了。《三岔口》和《挡马》几位武生的功夫顶了天。跟斗翻得又高又飘，落地悄无声息，有些跟斗——比如《挡马》中王鹏飞的几串跟斗我先前就不曾见过，令人叫绝。《拾玉镯》中陈媛饰演的孙玉姣可谓出神入化。她表演纳鞋底时，穿针、押线、绾结、合股、缕丝，动作细致入微，和着鼓乐的节奏，一招一式，十净爽利，优美动人。《秋江》应是中国京剧的精粹。戏中陈妙常的单纯、痴情和心情急切和老艄公的智慧、淘皮又有情有义，叫吕洋和芮振起两个演员刻画得淋漓尽致。举手投足，比画还美。待戏到高潮，台上的一老一少一男一女宛如立在船上，随浪起伏，随风起舞，整个舞台好像涌动着风疾浪险的江水。戏园里四处不绝的叫好声，伴随其中，真有动人心魄之感。坐在我身边的一个时尚女子说："中国的东西原来这么好。"俄罗斯学者李福清说："我从来没这么看过戏，好像这才是真的。"可是谁知道台上演员的激情原是叫台下的老戏迷调动起来的？

晚间我在狗不理饭店宴请宾客时说，中外的剧场观念各有不同。我说了三种。第一种在易卜生时代，台上台下好似隔着一层无形的"墙"，演员在自己的空间里演戏，观众好像从钥匙孔里偷看他们的"生活"。进入角色的演员主宰着舞台也主宰着剧场。这种观念一直到俄国斯坦尼斯拉夫斯基。这样的剧场是以演员为中心。第二种剧场观念来自德国的布莱希特。他拆掉了这道无形的"墙"，演员可以直接对观众说话。演员是严格遵从导演的意图来演戏的，导演是剧场的中心。第三种是中国人的剧场观念。中国古代的戏剧演员清楚地知道他们是为观众演出。他们在台上的努力是为了调动台下观众的情绪。观众受到感染，便用"叫好"表示认可与赞许，并情绪化地鼓励台上的

天津广东会馆演出现场。

演员,演员受到激励就会加倍努力,从而使台上台下融为一体,整个剧场达到高潮。我的一位好友、已故的戏剧理论家张赣生先生称之为"观众中心论"。我们之所以请人来演看戏,请老戏迷助阵,就是想全方位地体现中国戏剧的观念与特征。

当我把这些道理讲给了外国朋友,他们由此明白了中国艺术,也明白了老戏园中的奥秘与高妙。当然,我们的目的也就达到了。

德国的学者韦荷雅问我:"下次来天津,能不能再看一场这样的戏?"

我笑道:"天津的好东西多着呢。"

为周庄卖画

20世纪90年代初（1991年）冬天，我在上海美术馆举办个人画展，其间二位沪中好友吴芝麟和肖关鸿约我去远郊的周庄一游。

那时周庄尚无很大名气，以致我听了反问道：

"值得一去吗？"

二位好友眯着眼笑而不答，似是说："那还用说。"

这眼神看来是周庄最好的广告——诱惑我去。

车子出了城还要走很长的路，随后在一片寂寞又灰暗的村落前停住。车门一开，湿凉的水汽便扑在脸上。水汽中分明还有许多极其细密、牛毛一般的水的颗粒。一股南方的柔情使我心动。

穿入一些窄巷，就是入村了。两边的房子大多关着门板，开了门的里边黑糊糊的也不见人。只有一只黑母鸡带着一群小鸡在巷子里跑来跑去地觅食。村里的人跑到哪里去了？

这天雾大。树枝、檐角、晾衣绳，到处挂着湿雾凝结成的亮晶晶的水珠。时而会有一滴凉滋滋落在头顶或脖梗，顺着后背往下滑。待到了江南水乡的生命线——那种穿村而过的小河边，竟然连河水也看不清。站在石板桥上，如在云端，四外白白的全是流烟，只听得水鸟的翅膀用力扇动浓重的雾气时扑喇喇的声音就在头上边。更奇妙的是，看不见河，却听得到船儿"吱呀呀"的摇橹声穿过脚下的石桥；声音刚在左下边，几下就到右下边去了，也像一只飞鸟。

下了桥，走进一条宽一些的街上，便能看见来来去去的人影子了。古村落的活力从来就是在这样的老街上。

那时候，周庄尚未开发，却有了一点点文化的觉醒。听芝麟说不久前，周庄刚刚度过九百年的生日，村民们还在村口立了一块纪念碑呢。芝麟请来当地的一位文物员带领我们走街串巷，一边滔滔不绝地讲着这古村的历史，话里边带着几分自豪。不像后来的旅游向导多是取悦于游客的"买卖腔儿"了。

走进一幢老宅，从砖木的精雕细刻中始知周庄当年的殷富。谁想到文物员一介绍，这老宅竟是江南巨贾沈万三的故居，我马上感觉与周庄有了一种异样的亲切。这缘故，来自童年时心爱的一本厚厚的小人书，叫做《沈万三巧得聚宝盆》。描写心地善良的沈万三贫困交加，走投无路，一头撞向家中破墙，不料在被他撞倒的老墙里，惊现一个巨大的煌煌夺目的聚宝盆——据说是祖辈为了怕家道衰落后人受穷，秘密藏在墙中的。沈万三靠着这个聚宝盆经商发财，并用赚来的钱财济困扶危，赢得一世的赞许。且不论这小人书里有多少虚构，由于它是我儿时崇拜的画家沈曼云所画，便将这本小小的图书视同珍宝。这书一直保存到"文革"，抄家后再也找不到了。以后许多年，每次想起这本失去的书，都会生出一点点怅然，好像失去的不仅仅是这一本书。没想到这早已沉睡在记忆底层的一种情感竟在这湿漉漉而幽暗的老宅里被唤醒了。这老宅外墙的雕砖还刻着一个精巧的聚宝盆呢！

我情不自禁把这桩童年往事说给文物员听，他笑着对我说，他还能使我对沈万三印象更深一些——请我们一行吃一顿"沈家肘子"。

"沈家肘子"的确非同寻常。红彤彤、油亮亮、肥嘟嘟的大肘子端上来时，浓浓的肉香没有入口，已经先钻进鼻孔里。猪肘子有两根骨头，一根圆而粗，一根扁而细。文物员从肘子中将细骨头抽出来。这骨头又扁又长，像一柄白色的刀。拿它在肘子上轻轻一划，毫不用力，肥肥的肉便像水浪一样向两边翻卷。肘子就这样被美妙地切开了。我说就像船桨在水上一划那样。关鸿说："划得大冯口水都出来了。"

中午过后，从沈家走出来，没几步就是河边。此刻，大雾已散。一条被两排粉墙黛瓦的小屋夹峙着的小河，弯弯曲曲伸向远方。周庄的景色真是晴时美，雾中奇——雨里呢？忽然，我注意到远远的有一座两层小楼略略凸出岸边，二层的楼外有一条短短的木梯一直通到下边的水面，那里系着一条轻盈的扁舟。我指着这远处的小楼说，不用画了，这就是画。

文物员告诉我，这座如画的小房子，被称做迷楼。当年这里是个茶馆。柳亚子的南社诸友常聚在这里活动，被人误以为这些才子们叫茶馆主人的一个美丽又娇好的女儿迷住了，还闹出一些笑话来。我说："看来周庄无处无故事。"这话本该引来文物员更得意的表情，谁料他面露一丝忧愁，还叹了口气。我问他是何原因。这原因出乎我的意料！原来迷楼的主人想拆掉房子，用卖木料的钱去盖一座新房。这是此时周庄流行起来的改善生活的一种做法。很多老房子就这么拆掉了。

我一怔，马上问道："这座小楼的木料能卖多少钱？"

文物员说："三万吧。"

我便说："我来出这笔钱吧。现在正有两位台湾人在上海的画展上想买我的画。我不肯卖，但为了这座小楼我愿意卖。一会儿回上海马上就把画卖掉。咱把这迷楼留住。"

→ 听说当年柳亚子、沈钧儒进行南社活动的那座小房楼——迷楼很快要拆了。原因是房主想另盖新房，手头缺钱，只有卖掉旧屋建新房。

吴芝麟笑道："大冯也被这迷楼迷住了。"

我也说着笑话："茶馆老板的女儿至少也得一百岁了吧。"然后认真地对芝麟说，"这房子买下来就交给你们报社吧。今后再有文人来游周庄，便请他们在楼里歇歇腿，饮点茶，吟诗作画，多好。你们就拿这些诗画布置这小楼。"文人的想法总是理想主义的。

朋友们说我这个想法极妙。当日返回上海，联系那两位台湾人，把两幅心爱的小画《落日故人情》和《遍地苏堤》卖掉，得款三万五千元，马上与周庄那位文物员联系。没想到事情不顺，过了几天才有回信。原来房主听说有人想买这座迷楼，猜到此楼不是寻常之物，马上把价钱提高到十万以上。

我一听便急了，还要再卖画，吴、肖二友对我说："这房子买不成了。等你出到十万，他会再涨价。不过你也别急，你不是怕这房子拆掉吗？这一买，一不卖，反而不会拆了。"

此话有理。如此迷楼还立在周庄。

我写此文，不是说我曾经为周庄做过什么努力——我并没为周庄花一分钱的力气——真正为周庄立下不朽功勋的是阮仪三先生。但在周庄遇到的事令当时的我惊讶地看到，在经济生活的转型中，我们的精神家园竟然在不知不觉之中悄然无声地松垮了。一个看不见的时代性的文化危机深深地触动并击醒了我。使我的关注点移到这非同寻常的事情上来。由此，才有了三个月后，在宁波为了保护贺秘监祠的第一次真正的卖画捐款。

我的文化保护是从周庄为起点的。从周庄思考，从周庄行动。

春天最初是闻到的·第二章

草婴先生

　　三年前的春天里意外接到一个来自上海的电话。一个沙哑的嗓音带着激动时的震颤在话筒里响着："我刚读了你的《一百个人的十年》，叫我感动了好几天。"我问道："您是哪一位？"他说："我是草婴。"我颇为惊愕："是大翻译家草婴先生？"话筒里说："是草婴。"我情不自禁地说："我才感动您一两天，可我被您感动了几十年。"

　　我自诩为草婴先生的最忠实的读者之一。从《顿河的故事》、《一个人的遭遇》到《复活》，我读过不止两三遍，甚至能背诵那些名著里一些精彩的段落。对翻译家的崇拜是异样的。你无法分出他们与原作者。比如傅雷和巴尔扎克、汝龙和契诃夫、李丹和雨果、草婴和托尔斯泰，还有肖洛霍夫。他们好像是一个人。你会深信不疑他们的译笔就是原文，这些译本就是那些异国的大师用中文写的！记得20世纪70年代末我住在人民文学出版社写长篇小说时，刚刚开禁了世界名著。出版社打算出一本契诃夫的小说选，但不知出于何故，没有去找专门翻译契诃夫的翻译家汝龙，而是想另请他人重译。为了确保译本质量，便从契诃夫的小说中选了《套中人》和《一个小公务员之死》两个短篇，分别交给几位俄文翻译家重译。这些译者皆是高手。谁知交稿后都不如汝龙那么传神，虽然译得像照片那样准确无误，但契诃夫本人好像从这些译文里跑走了。文学翻译就是这样——如果请汝龙来翻译肖洛霍夫或托尔斯泰，肯定很难达到草婴笔下的豪迈与深邃。甚至无法在稿纸上铺展出托尔斯泰像江河那样弯弯曲曲又流畅的长句子。然而契诃夫的精短、灵透与伤感，汝龙凭着标点就可以表达出来。究竟是什么可以使翻译家与原作者这样灵魂相通？是一种天性的契合吗？他们在外貌也会有某些相似吗？这使我特别想见一见草婴先生。

几个月后去南通考察蓝印花布，途经上海。李小林说要宴请我。我说烦你请草婴先生来一起坐坐吧。谁想见面一怔，草婴竟是如此一位瘦小的老人。年已八旬的他虽然很健朗，腰板挺直，看上去却是那种典型的骨骼轻巧的南方文人。和他握手时，感觉他的手很细小。他静静地坐在那里，举止的动作很小，说话的口气十分随和，无论如何与托尔斯泰的浓重与恢宏以及肖洛霍夫的野性联系不到一起。

朋友间伴随美酒佳肴的话题总是漫无边际。但我还是抓空儿不断地把心中的问题提给草婴先生。

从断续的交谈里，我知道他的俄语是十几岁时从客居上海的俄国女侨民那里学到的。那时进步的思想源头在北边的苏联，许多年轻人学习俄语为了直接去读俄文书，为了打开思想视野和寻找国家的出路。等到后来——可能是1941年吧，他为地下党和塔斯社合作的《时代》周刊翻译电讯与文稿，就自觉地把翻译作为一种思想武器了。当时许多大作家也兼做翻译，都是出于一个目的：把进步的思想引进中国。比如鲁迅、巴金、郭沫若、冰心等。我读过徐迟先生20世纪40年代初在重庆出版的《托尔斯泰传》，书挺薄，纸张很黑，很糙。他在这本书的"后记"中说，当时正处于抗战时期，纸张奇缺，《托尔斯泰传》总共有五百页，无法全部出版，最多只能印其中的一百多页。他之所以把这部分译稿印出来，是为了向国人介绍一种"深刻的思想"。

这恐怕就是那一代翻译家的想法了。翻译对于他们是文学事业的一部分，也是一种重要的精神和思想的方式。

20世纪80年代初，"文革"后文艺的复苏时期，出版部门曾想聘请草婴先生主持翻译出版工作，被他婉拒，他坚持做翻译家，立志要翻译托尔斯泰的全部作品。

和草婴先生在一起。

"我们确实需要一套经典的托尔斯泰全集。"我说。

他接下来讲出的理由是我没想到的。他说:"在十年'文革'的煎熬中,我深刻认识到缺乏人道主义的社会会变得多么可怕。没有经过人文主义时期的中国非常需要人道主义的启蒙和滋育。托尔斯泰作品的全部精髓就是人道主义!"是呵,巴金不是称托尔斯泰是"19世纪世界的良心"吗?

他选择做翻译的出发点基于国人的需要。当然是一个有见地的知识分子眼中的国人的需要。

原来翻译家的工作不是"搬运"别人的作品。不仅仅是谋生手段或技术性很强的职业。它可以成为一种影响社会、开启灵魂、建设心灵的事业。近百年来,翻译家们不常常是中国思想史的主角吗?

在自己敬重的人身上发现到新的值得敬重的东西,是一种收获,也是满足。我感到,我眼前这个瘦小的南方文人竟可以举起一个时代不能承受之重。在我和他道别握手时,他的手好似也变得坚实有力了。

我感谢他。他叫我看到翻译事业这座大山令人敬仰的高处。

王蒙老了吗？

这些天王蒙被作家协会冠之以名誉头衔，有人便在网上问：王蒙老了吗？还有人跟着发出"怀念王蒙"的感叹，以为王蒙要从文坛退休下岗了。

前几年，王蒙还洋洋得意于自己的"满头青丝"，近半年叫人见了一怔，飘在他头顶上的头发缘何也像深秋的荻花一样灰白了？我忽然想起数年前与王蒙一同在爱尔兰的都柏林拜谒萧伯纳故居时，看到萧公书房内一切如旧，连曲别针也在桌上，不在的唯有萧伯纳本人。王蒙对我说："看来生命还是最脆弱的。"想到这件事，心里真有点感慨。王蒙真的老了？

可是过两天在书店里，却见王蒙几本新书摆在那里：《尴尬风流》、《苏联祭》和《自传》，让我心动，让我强烈地感到——他现在的写作不还是轰鸣一般的如在盛夏？特别是《苏联祭》中对那些影响了我国半个世纪的种种文艺观念是非曲直的思辨，其犀利和清晰仍然让人感到他头脑之透彻。读《尴尬风流》，他的幽默机智和快乐的天性亦依然故我。这也使我联想到他的同时代人。比如李国文的随笔、从维熙的散文、邵燕祥的杂文，哪一支笔有枯竭之感，不是反而更加挺劲，更加自如？他们何老之有？

其实作家有两个生命。一个是肉体生命，一个是艺术生命。生理

我给王蒙写了一首打油诗："满纸游戏语，彻底明白人。偶挂部长相，仍是作家魂。"

和肉身的生命是物质的，一定会老化，反正王蒙、维熙不能拔河踢毽前滚翻了。但艺术的生命却不是这样，因为艺术生命是精神的、情感的、思想的、创造的，不一定和肉身的消长同步。只要手中的笔还是激情的、发烫的、鲜活的；只要对社会人生心怀兴趣与责任，作家的生命依旧如日中天。

当然，作家、艺术家的年纪大了，未必还会像年轻时那样工作，未必还能秉烛夜耕、日书万言，未必还去拼大部头的长篇。青年时代心怀浪漫去吟诵《女神》的郭沫若，晚年便沉入种种历史的追究中。鲁迅也是一样。他后期很少再写小说，主要的写作方式改为杂文。可能因为文字的思想比形象的思想更能直插现实的症结。作家分为两种：一种作家一生都在写小说，从年轻写到暮年，比如老舍、奥·亨利、契诃夫和莫泊桑。他们属于艺术性的作家，更应称做小说家。还有一种作家小说之外也写随笔、杂文、社会文化批评，直接介入和参与时代的理性思考。这是一种思想性作家。其中杰出者更接近"文学家"的称谓。比如鲁迅、雨果、托尔斯泰等等。这后一种作家，常常在写作前期以形象创作为主,后期偏重于形而上的思考。然而当他们一旦从写小说的形象思维进入社会文化批评的理性思维,就很难再回去。余华不是写了几年艺术随笔之后,发觉返回小说很困难吗?不过他还年轻,想象充沛,到底还是回到《兄弟》中了。

年轻时,未来多,未来是空白的,是一个博大的空间,易于小说和诗歌创作时想象的挥洒。年岁大,经历的现实多了,精神活动渐渐转为理性。除去少数作家如泰戈尔把诗歌一直写到耄耋之年,大多作家的晚年还是偏重于理性。比如巴金、钱锺书、孙犁等全是这样。理性的果实往往成熟于作家写作生涯的后期,它却十分重要。再比如巴金,如果没有他晚年的《随想录》,我们对"作家的良心"的感受与认知就会凭籍有限。是《随想录》终结性地成就了伟大的巴金。

因此说看一个作家,不仅要看他盛年力作,还要关注他晚年的思想与文字——看他全部的心灵历程。只要这个作家是用心灵写作,心灵才是他的文学真正的一贯的隐性的主题和主人公。

故而,我很关注年长于我的作家们不断写出来的新的文字,因为从这些文字可以看到他们在思考什么,有什么突破性的人生发现与人生认识。当然,也可能超然世外,以笔墨自娱;也可能思想止步,笔尖只在原地徘徊。写作是寂寞的,作家们个个踽踽独行。他们总是要在稿纸上走到个人的极致,倾力完成一篇又一篇的作品,但只有在他们全部作品完成之时才真正完成了自己。这时,他人生与艺术的得失,以及成就与局限,品格与过错,勇气与无奈,金子与垃圾,全都清清楚楚摆在那里了。对于作家来说,没有一行字是没用的,都是它的见证。

当作家最终放下了笔,他的艺术生命终结了吗?还是没有。因为此时它已经把这生命转移到作品上。作品自己开始了能否长久存世的全新的历程。作家的个性、气质、所思所想、喜怒哀乐、七情六欲,依然在作品的字里行间里有声有色地表现着,并使我们活脱脱地感受到。从真正文学的意义上说,作家是不会老的。还是让我们关心作家们源源不断地来自心灵的文字吧!

大话美林

一

在当今画坛上,能够让我每一次见面都会感到吃惊的是——韩美林。

昨天刚被他一种全新的艺术语言所震撼,今天他竟然把他的画室变成一片前所未见的视觉天地。

一刻不停地改变自己,瞬间万变地创造自己。每一天都在和昨天告别,每一天都被他不可思议地翻新。然而,真正的才华好似在受神灵的驱使,不期而至,匪夷所思,不仅震动别人,也常常令自己惊讶。每每此时,他便会打电话来:"快来我的画室,看看我最新的画,棒极了!"他盼望亲朋好友去一同共享。等到我站在他的画前,情不自禁说出心中崭新的感动时,他会说:"你信不信,我还没开始呢!"

这是我最爱听到的美林的话。

此时,我感到一种无形而磅礴、不可遏制的创造力在他心中激荡。他像喷着浓烟的火山一样渴望爆发。这是艺术家多美好的自我感觉与神奇的时刻!

二

美林的空间有多大？这是一个谜。

二十多年来，我关注的目光紧随着他。一路下来，我已经眼花缭乱，甚至找不到边际与方向。一会儿是一片粗粝又沉重的青铜世界，一会儿是滑溜溜、溢彩流光的陶瓷天地；一会儿是十几米、几十米、上百米山一般顶天立地的石雕，一会儿是轻盈得一口气就可吹起的邮票；一会儿是大片恢宏、变幻万千的水墨，一会儿是牵人神经的线条，或刚劲或粗野或跌宕或飞扬或飘逸或游丝一般的线条。一切物象，一切样式，一切手段，一切材料，都能被他随心所欲地使用乃至挥霍，他要的只是随心所欲。

在这心灵的驰骋中，艺术的空间无边无际。地球可以承载整个人类，每个人的心灵却都可以容纳宇宙。尤其是艺术家的心灵。他们用心灵想象，用心灵创造，更因为他们的心灵是自由的。

美林艺术的灵魂是绝对自由的。这正是他的艺术为什么如此无拘无束与辽阔无涯的根由。

谁想叫他更夺目，谁就帮助他心处自由之中；谁想叫他黯淡下去，谁就捆缚他约制他——但这不可能——他就像他笔下狂奔的马，身上从来没有一根缰绳。

三

美林还是评论界的一个难题。

这个兴趣到处跳跃的任性的艺术家，使得评论家的目光很难瞄准他。他艺术中的成分过于丰富与宽广。如果评论对象的内涵超过了自己熟知的范畴，怎样下笔才能将他"言中"？

在美林各种形式的作品中，可以找到中西艺术与文化史的极其斑驳的美的因子。艺术史各个重要的艺术成果，不是作为一种特定的审美样式被他采用，而是被他化为一种精灵，潜入他的艺术的血液里。

就像我们身上的基因。

依我看,他的艺术是由三种基因编码合成的。一是远古,一个现代,一是中国民间。

在将中国民间的审美精神融入现代艺术时,美林不是以现代西方的审美视角去选择中国民间的审美样式,在那一类艺术里,中国的民间往往只剩下一些徒具特色却僵死的文化符号。在美林笔下,这些曾经光芒四射的民间文化的生命顺理成章地进入当代;它们花花绿绿,土得掉渣,喊着叫着,却像主角一样在现代艺术世界中活蹦乱跳。

同时,我们审视美林艺术中古代与现代的关系时,绝对找不到八大、石涛或者毕加索、达里的任何痕迹。然而中国大写意的精神以及现代感却鲜明夺目。美林拒绝已经精英化和个体化的任何审美语言,不克隆任何人。他只从中西文化的源头去寻找艺术的来由。

我一直以为,远古的艺术和乡土之美能够最自然地相互融合,是因为这些远古艺术,大地上开放的民间之花,都具有艺术本源的性质,原发的生命感以及文明的初始性。而这些最朴素、最本色的文化生命,不正是当前靠机器和电脑说话的工业文化所渴望的吗?

因此说,美林的艺术既是现代的,人类性的;又是地道的华夏民族的灵魂。

四

美林的世界都是哪些角色?

只要一闭眼就能涌现出来——倔犟的牛、发疯的马、精灵般的麋鹿、嗷嗷叫的公鸡、老实巴交的羊以及叫人想把脸颊贴上去的无极温柔的小兔小猫。

其实它们并不是美林客观的"绘画对象",而是画家一时心性的凭借。美林性格中那些与生俱来的执拗、坚韧与率真,心绪中那些倏忽而至的昂奋、快意与柔情,全都鲜活地表现在他笔下这些生灵的身上。我从来都是从这些生灵来观察他当时的生命状态。在我的学院大楼落成剪彩那天，美林送来一匹丈二尺的巨马，这马雄强硕大，轰隆隆奔跑着，好似一台安上四条腿的蒸汽机。我对美林说：凭这股子元气你能活过一百岁！

美林世界的一切都是他生命的化身。不知还有谁的艺术拥有如此纯粹的生命感。他时不时会顺手拿起身边一件亮晶晶、造型奇特的陶壶陶罐，对你说："看这小胖子，多神气！"或者"瞧它呼呼直喘气，可爱吧！"

这种生命感，还从形象到抽象，从画面上每一根线条到他神奇的天书。

这些来自于汉简、古陶、岩画、石刻、甲骨和钟鼎彝器的铭文中大量的未可考释的文字，之所以诱惑着他，不只是每一个文字后边神秘莫测的历史信息，而是至今犹然带着远古人用来传达所思所想时生命的活力与表情。美林之所以把它们重新书写出来，不是对这些罕见的古文字的一种审美上的好奇，更不是在视觉上故弄玄虚，而是想唤醒那些遥远而丰盈的生命符号和符号生命。

美林的世界的所有角色，其实都是他自己。任何杰出的艺术家都是极致的自我。为此，这个好动的画家的笔下的一切，都充满动感，很少静态；过分的情绪化，使得他喜欢瞬息间完成作品，阔笔泼墨自然是其拿手的本领。天性的豪气，令其书法字字如虎。他不刻意于琐细，没有心思在人际之间做文章，甚至不谙人情世故，所以千差万别的个性的人物，从来不进入他的世界。有人问他："你为什么不画人物？"

我在一边说："刻画人物是作家的事。"

五

美林的原创力是什么？

在美林艺术馆一面很长的墙壁上挂着一百多个小瓷碟。每个小碟中心有一幅绘画小品。虽然，画面各不相同，但画中的小鸟小兔小花，连同各种奇妙的图案都在唱歌。这是美林与建萍热恋时，他从电话中得知建萍由外地起程来看他——从那一刻起，他溢满爱意的心就开始唱歌。他边"唱"边画。各种奇妙之极的画面就源源不绝地从笔端流泻出来。爱使人走火入魔，进入幻境；幻想美丽，幻境神奇。美林全然不能自制，直到建萍推门进来，画笔方歇。不到一天，他画了一百七十九幅小画。这些画被烧制在一般大小粗釉的瓷碟的碟心，活灵活现地为艺术家的爱作证。

尽管谁都愿意享受被爱，但爱比被爱幸福。爱的本质是主动的给予。这个本质与艺术的本质正好契合。因为，艺术不是获取，也是给予。爱便成了美林艺术激情勃发的原动力。美林的爱是广角的。他以爱、以热情和慷慨对待朋友，对待熟人，甚至对待一切人，以致看上去他有点挥金如土。这个爱多得过剩的汉子自然也常常吃到爱的苦果。不止一次我看到他为爱狂舞而稀里糊涂掉进陷阱后的垂头丧气，过后他却连疼痛的感觉都忘得一干二净，又张开双臂拥抱那些口头上挂着情义的人去了。然而正是这样——正是这种傻里傻气的爱和情义上的自我陶醉，使他的笔端不断开出新花。其实不管生活最终到底怎样，艺术家需要只是此时此刻内心的感动与神圣，哪怕这中间多半是他本人的理想主义。

哲学家在现实中寻求真理，艺术家在虚幻里创造神奇。

到底缘自一种天性还是心中装满爱意，使美林总是尽量让朋友快乐，给朋友快乐？他以朋友们的快乐为快乐。他的艺术也是快乐的，从不流泪，也不伤感，绝无晦涩。这个曾经许多次与死神擦肩而过的汉子，画面上从来没有多磨的命运留下的阴影，只有阳光。他把生活的苦汁大口吞下，在心中酿出蜜来，再热辣辣地送给站在他画前的每一个人。美林是我见过的最阳光的画家。

最大的事物都是没有阴影的。比如大海和天空。

然而爱是一定有回报的。因此他拥有天南地北那么多朋友，那么广泛的热爱他艺术的人。如今韩美林已经是当今中国画坛、当代中国文化的一个符号。这种符号由国际航班带上云天，也被福娃带到世界

那时的韩美林比现在年轻。

各地。更多的是他创造的千千万万、美妙而迷人的艺术形象,五彩缤纷地传播于人间。这个符号的内涵是什么呢?我想是:

自由的心灵,真率的爱,深厚的底蕴,无边而神奇的创造,而这一切全都融化在美林独有的美之中了。

风景里的山峰
——悼李景峰

他在我心里却沉甸甸的，很有分量。

差不多三十年前，当我和我的合作者李定兴先生把长篇小说《义和拳》的手稿寄到人民文学出版社后，心中忐忑不安。那时我们都三十岁出头，甭说长篇，短篇也没写过，稿子在手里还有点自责，一寄出心里就没根了。忽然一天，胡同口电话亭的大娘喊我接长途电话，只听电话里自报家门地说："我是人民文学出版社的编辑李景峰，风景的景，山峰的峰。你们的稿子我们看过了。过两天我陪我们社的总编辑韦君宜去天津找你们谈谈。等我们吧！"

他的名字我马上记住了：风景里的山峰。他的声音清晰又明亮，似乎还有点东北口音。哪里知道这竟然是陌生的文坛对我发出的第一声召唤。

刚刚把脚伸入文学的我是怯生生的。我是被出版社留在北京朝内大街166号四楼上长达一年的修改作品期间，才懂得种种改稿的符号的。在那个没有电脑和复印机的时代，连怎样用剪刀和浆糊来剪接文稿，都是李景峰教给我的。他是我第一个责编。

然而，那时代的责编与作者是一种极特殊的关系。他要一遍遍地与我讨论小说的人物、写法、细节，乃至某一个具体的用词。如果他不满意，便撇着嘴说我"偷懒"，如果他满意——特别是分外高兴时，一定会说"你这家伙还真有悟性！"我能从这话声里听得出他很欣赏我，但仅此而已，他从来没太明显地赞扬过我。说老实话，我上学时并不太认真，错别字常常会从笔尖冒出来，只要露出一个，准叫景峰抓住。他毕业于吉林大学，语文功底好，三十多岁就担任国家文学出版社小说组的副组长了。他发现错别字的能耐像高明的警察在车站的人群里发现小偷那样，伸手一抓一个。我至今收藏着他送给我的那本《现代汉语词典》。那本词典是1973年出版的，早叫我翻烂甚至缺页了。景峰用这本词典纠正了我不少错别字。

记得他那时挺年轻，比我大三四岁。常常在一起说笑，其实他更多时间是笑嘻嘻地听任我海阔天空，他本人不善言谈，但对人却很用心。我那时家境不好，地震时受难很重，正寄居在友人家。住在出版社改稿时大多时候只能买价钱便宜的素炒白菜或菠菜。他隔些时候就会在下班时，叫我去他家包饺子。我知道他是想给我开开荤。那时候，吃饺子是生活的一个小小的奢侈。他住在红星胡同出版社的职工宿舍，一排排平房，门儿临院，里外两小间，从院里一步迈进屋，再一步就进了里屋。记得他每次拌馅时，最后都要再倒上一点香油，然后用食指一抹瓶口的残油，抹在自己嘴唇上，吧唧两下嘴，笑嘻嘻地说这么一句："真香，馋馋大冯这个馋猫。"那种温馨之情叫我至今还能感到。后来，总编辑韦君宜特意批给我每月15元的伙食补助，也全是他悄悄"努力"的结果。

然而，他从不向我"表功"。其实真正被人记住的都不是自己表白出来的。在我们的处女作刚刚印出来时，他手拿着那上下两本散着油墨香味的新书跑到四楼上送给我，嘴里说道："真不舍得给你呀。"他说的是笑话，我却觉得这本书确确实实也是他的。他为这部书付出多少心血，但书上并没有他的名字呀。

那时，我有点歉疚，有点窘。人家和你一起推动一辆车，等车起程了，你乘车走了，人家却在原地站着。

记得一次，他父亲重病，要赶夜车回东北，我送他去车站，车子误点误了很久，待他坐上了车，我再回到出版社时已经午夜三点。出版社锁了门，我坐在门口矮墙上一直等到天亮。后来景峰知道此事，问我那天夜里在大街上是怎么度过的。我怕他自责，便笑道，我第一次知道一个大城市是如何从夜里一点点醒来的。我绘声绘色地讲下夜班的人怎么走路和骑车，上早班的人怎么在清凉的空气里咳嗽,最早的炸油饼的味道如何"有个尖儿"直往鼻孔里钻,以及第一辆无轨车的声音……他听着笑了。可是过了两年,一次聊天聊到赶夜车时,他却忽然说:"我叫大冯在大街上冻了一夜。"这才知道,他一直还在为那件他"毫无责任"的事暗暗自责。

他不仅是《义和拳》的责编。还是我独立完成的另一部长篇小说《神灯》、第一部中篇小说《铺花的岐路》和第一篇短篇小说《雕花烟斗》的责编。这些小说的背后全都有一个故事。这些故事我记得清清楚楚。他一直支持着我奔入伤痕文学的大潮。然后我们好像各自东西,我忙我的文学、绘画和文化保护,他依旧干着自己的老本行——结识一位又一位新作者、改稿、编书,直到把书出版。我只是偶尔与他通一个电话。

随着时间的推移,给他的电话少了,有时间隔的时间会长达数月或半年。一次,他接到我的电话忽然说:"大作家居然还记得我!"这使我一阵慌张。我忙着解释和致歉,正当我感觉愈解释愈无力时,他却笑道:"解释什么,你要不记着我还会来电话吗?"这使我深深感受到他对我挺在乎,在乎是一种情感上的需要,这需要牵着日渐遥远的那些有情有义的往事。那么为什么他从来不打电话给我呢?连他后来生病以致突然辞世而去都是别人告诉我的。

直到他去世后,他的爱妻刘蕴洁才对我说,他不愿意像那次——我跑到北京的协和医院去看他。他不叫妻子再把病情透露给我,怕我着急、分心、影响工作。但直到生命最后的一些日子,还叫妻子去书店看看有没有我的新书……

他把三十年前的那份友情一直坚持到最后。他这种方式缘自一种性格,一种情义,也是那个时代编辑对作者特有的一种爱惜之情。这种感情帮助过多少作家的成长,这种感情今后还会有吗?

不知为什么,当我想到这种情义与性格时,会自然地想到他最初用带着东北口音自我介绍时说的那句话:

"风景的景,山峰的峰。"

是呵。他是我人生风景中永远的一座山峰。

怀念老陆

近些天常常想起老陆来。想起往日往事的那些难忘的片断,还有他那张始终是温和与宁静的脸,一如江南的水乡。

老陆是我对他的称呼。国文和王蒙则称他文夫。他们是一代人。世人分辈,文坛分代。世上一辈二十岁,文坛一代是十年。我视上一代文友有如兄长。老陆是我对他一种亲热的尊称。

我和老陆一南一北很少往来,偶然在京因会议而邂逅,大家聚餐一处,老陆身坐其中,话不多,但有了他便多一份亲切。他是那种人——多年不见也不会感到半点陌生和隔膜。他不声不响坐在那里,看着从维熙逞强好胜地教导我,或是张贤亮吹嘘他的西部影城如何举世无双,从不插话,只是面含微笑地旁听。我喜欢他这种无言的笑。温和、宽厚、理解,他对这些个性大相径庭的朋友们总是抱之以一种欣赏——甚至是享受。

这不能被简单地解释为"与世无争"。没有一个作家会在思想原则上做和事佬。凡是读过他的《围墙》乃至《美食家》,都会感受到他的笔尖里的针芒,只不过他常常是绵里藏针。我想这既源自他的天性,也来自他的小说观。他属于那种艺术性的作家,他把小说当做一种文本的和文字的艺术。高晓声和汪曾祺都是这样。他们非常讲究技巧,但不是技术的,而是艺术的和审美的。

一次我到无锡开会,就近去苏州拜访他。他陪我游拙政、网师诸园。一边在园中游赏,一边听他讲苏州的园林。他说,苏州园林的最高妙之处,不是玲珑剔透,极尽精美,而是曲曲折折,没有穷尽。每条曲径与回廊都不会走到头。有时你以为走到了头,但那里准有一扇小门或小窗,推开望去,又一番风景。说到此处,他目光一闪说:"就像短篇小说,一层包着一层。"我接着说:"还像吃桃子,吃去桃肉,里边有个核儿,敲开核儿,又一个又白又亮又香的桃仁。"老陆听了很高兴,禁不住说:"大冯,你算懂小说的。"

此时,眼前出现一座水边的厅堂。那里四边怪石相拥,竹树环合,水光花影投射厅内,厅中央陈放着待客的桌椅,还有一口天青色素釉的瓷缸,缸里插着一些长长短短的书轴画卷。乃是每有友人来访,本园主人便邀客人在此欣赏书画。厅前悬挂一匾,写着"听松读画堂"。老陆问我,为什么写"读画"不写"看画",画能读吗?我说,这大概与中国画讲究文学性有关。古人常说"诗画相生"或"诗是无形画,画是有形诗"。这些诗意与文学性藏在画中,不能只用眼看,还要靠读才能理解到其中的意味。老陆说,其实园林也要读。苏州园林真正的奥妙是这里边有诗文,有文学。我听到的能对苏州园林做出如此彻悟只有二位:一是园林大师陈从周——他说苏州园林有书卷气;另一位便是老陆,他一字道出欣赏苏州园林乃至中国园林的要诀:读。

读,就是从文学从诗的角度去体会园林内在的意蕴。

记得那天傍晚,老陆在得月楼设宴招待我。入席时我心中暗想,今儿要领略一下这位美食家的真本领究竟在哪里了。席间每一道菜都是精品,色香味俱佳,却看不出美食家有何超人的讲究。饭菜用罢,最后上来一道汤,看上去并非琼汁玉液,入口却是又清爽又鲜美,直喝得胃肠舒畅,口舌愉悦,顿时把这顿美席提升到一个至高境界。大家连连呼好。老陆微笑着说:"一桌好餐关键是最后的汤。汤不好,把前边的菜味全遮了;汤好,余味无穷。"然后目光又是一闪,好似来了灵感,他瞅着我说,"就像小说的结尾。"

我笑道:"老陆,你的一切全和小说有关。"

于是我更明白老陆的小说缘何那般精致、透彻、含蓄和隽永。他不但善于从生活中获得写作的灵感，还长于从各种意味深长的事物里找到小说艺术的玄机。

然而生活中的老陆并不精明，甚至有点"迂"。我听到过一个关于他"迂"到极致的笑话。那是20世纪80年代中期，老陆当选中国作协副主席，据说苏州当地政府不知他这职务是什么"级别"，应该按什么"规格"对待。电话打到北京，回答很模糊，只说"相当于副省级"。这却惊动了地方，苏州还没有这么大的官儿，很快就分一座两层小楼给他，还配给他一辆小车。老陆第一次在新居接待外宾就出了笑话。那天，他用车亲自把外宾接到家来。但楼门口地界窄，车子靠边，只能由一边下人。老陆坐在外边，应当先下车。但老陆出于礼貌，让客人先下车，客人在里边出不来，老陆却执意谦让，最后这位国际友人只好说声"对不起"，然后伸着长腿跨过老陆跳下车。

后来见到老陆，我向他核实这则文坛轶闻的真伪。老陆摆摆手，什么也不说，只是笑。不知这摆手，是否定这个瞎诌的玩笑，还是羞于再提那次的傻实在？

说起这摆手，我永远会记着另一件事。那是1991年冬天，我在上海美术馆开画展。租了一辆卡车，运满满一车画框由天津出发，车子走了一天，凌晨四时途经苏州时，司机打盹，一头扎进道边的水沟里，许多画框玻璃粉碎。当时我不知道这件事，身在苏州的陆文夫却听到消息。据说在他的关照下，用拖车把我的车拉出沟，并拉到苏州一家车厂修理，还把镜框的玻璃全部配齐。这便使我三天后在上海的画展得以顺利开幕，否则便误了大事。事后我打电话给老陆，几次都没找到他。不久在北京遇到他，当面谢他。他也是伸出那瘦瘦的手摆了摆，笑了笑，什么也没说。

他的义气，他的友情，他的真切，都在这摆摆手之间了。这一摆手，把人间的客套全都挥去，只留下一片真心真意。由此我深刻地感受到他的气质。这气质正像本文开头所说的一如江南水乡的宁静、平和、清淡与透彻，还有韵味。

在苏州园林听陆文夫讲苏州园林，我说过："陆文夫是苏州的魂。"

  作家比其他艺术家更具有生养自己的地域的气质。作家往往是那一块土地的精灵。比如老舍和北京，鲁迅和绍兴，巴尔扎克和巴黎，他们的心时时感受着那块土地的欢乐与痛苦。他们的生命与土地的生命渐渐地融为一体——从精神到形象。这便使我们一想起老陆，总会在眼前晃过苏州独有的景象。于是，老陆去世那些天，提笔作画，不觉间一连画了三四幅水墨的江南水乡。妻子看了，说你这几幅江南水乡意境很特别，静得出奇，却很灵动，似乎有一种绵绵的情味。我听了一怔，再一想，我明白了，我怀念老陆了。

平凹的画

数日前，收到贾平凹寄来一小包书，拆开一看，不是文字而是书画，使我欣喜。我早就期待他能印几本这样的书。近年来不断在一些报刊上见到平凹的字画。我喜欢他的字，平实单纯且意蕴很厚，没有那种做大家秀的浮躁和装腔作势。他主张还书法的本来面目——写"生活中的字"。不把书法当做什么圣物而为之。正为此，他的性情、脾气、气质、审美，便自然而然地潜入笔墨间。因之他的字如其人：又憨气又有灵气。

我对平凹的画认识却迟一些。缘故是见他的画少，只偶见于报端刊尾。印象是一种文人的画，虽然别有奇思与奇趣，技术上却似乎没有"科班"过，有点文人墨戏、甚至还有点漫画的味道。因对友人说，平凹的文第一，字第二，画第三。

这里之所以说他的画是"文人的画"而非"文人画"，是因为从中国的画史上说，文人大举进入画坛当在两宋。代表人物是苏轼、文同、米芾。他们反对当时如日中天、技术精熟、以具象为能事的院体画，认为"作画求形似，见于儿童邻"，主张用笔墨自娱，直接抒写性情，这种全新而鲜明的绘画思想，给画坛吹来一股清风。但他们在艺术上还没有建立起属于自己的艺术体系和审美体系。应该说，这期间苏轼他们的画，是一种"文人的画"而非"文人画"。真正的文人画的艺体系是到了元代，经过倪瓒、黄公望、吴镇等人的努力才建立起来。即讲求文学意味，主张抒写心性，追求笔情墨趣，并树立起以诗书画印为一体的独特的艺术形态，"文人画"才算立了起来。文人画不同于文人的画，是因为文人画是一种特定的艺术概念，必须在审美上有自己明确的一套，还得立得住，才能成立。

然而，现在翻看平凹的画书，令我吃惊，并且立即认定他不只是"文人的画"了。

他的画看似粗粝，实际很精致。精致的在于他那些诗性、哲思与妙想，这些奇思妙想使他的画挺浪漫。值得注意的是，他的画给人的不是一种清晰的感受与认知，而是对天地奥妙与人间玄机参悟的过程。这也正是他的魅力之所在。可是，人间的玄机不是时时处处都能发现的，所以他的画不多。其实，真正的文人画都不多。因为文人的笔听命于心灵，而非不停地复制同一种视觉美。所以，文人画很少重复。当然，有些画家也不重复自己，吴冠中就曾对我说：我决不重复自己。我笑道，重复是不再感知，是原地踏步。

从平凹的画书中我还发现，他对形式和笔墨很考究。比如他对画空白十分在意，中国画的空白是留看观者去创造的，也是对画中景象与意味的延伸——这便是他常常只画形象的一半的原故。至于他那幅《鹅》，则可以看出他用笔的洗练与造型的能力。他画这只左顾右盼的发情的鹅，总共用了三笔，又都是神来之笔。我忽想，这些诀窍不是从明清时代那些大写意画家里"偷"来的吗？

平凹虽然没有科班学过画，他超人的悟性却弥补了这种先天不足。他很明白从古人那里拿什么和怎么拿。一次和黄胄谈书法，黄胄先生说他只读帖，但不临帖。我说我也是。他说出句颇有真理意味的话：临帖取其形，读帖取其神。我说，临帖的结果，常常是用别人的手束缚了自己的性灵。平凹从古人那里拿得最多的是脑袋里的方法而非手上的技法。

依我看，平凹的画有三个背景。一是古人，比如金农、罗聘、朱耷、徐渭等人。这些人都是简约至极，舍形取神，肆意变形，还有寓美于丑和寓巧于拙。二是民间，平凹的民间情怀已经在他的小说里"暴露无遗"。他喜欢民间。民间的文化是一种生活文化，处处真率地洋溢着生活的情趣与情感。因而在平凹的画里的一条狗、一只鸡、一头牛、一条鱼，全像在民间的剪纸、年画和泥娃娃中那样会说会唱、有声有色。这种情怀在中国画家唯有齐白石和韩美林的笔下可以见到。第三是现代，平凹的画有很鲜明的现代感，这是我不曾料到的。看平凹的画，并不老旧。这里不是指他画的那种穿什么牛仔裤的少妇或长发少女，而是在形式感和审美上。看得出，他对现代感是有明确追求的。

从这些背景上说，平凹的画当之无愧是"文人画"。尽管他笔墨的精湛与丰富尚待修炼。他已经有自己自觉的绘画主张与个性极强和品位甚高的审美体系。他所谓"万法归一为我所用"，不但是其艺术的宣言，还一定促使其成为当今画坛上文人画之大家。

此刻，一定有人问我，现在你怎么给贾平凹的文、字、画排队。哪个第一，哪个第二和第三？

我承认，先前我给平凹的诗文书画排前后乃是一个错误。文人们都是这样：画如其字，字如其文，文如其画，皆因其人。他喜欢干什么，或者说他干什么的时候，什么就是第一吧。

送谢晋

我曾对一向生龙活虎的谢晋说:"你能活到22世纪。"但他辜负了我的祝愿,今天断然而去,只留下朋友们对他深切的痛惜与怀念以及一片浩阔的空茫。

前不久,台湾导演李行来访,谈到夏天里谢晋在台北摔伤,流了许多血,"当时的样子很可怕,把我们都吓坏了",跟着又谈到谢晋老年丧子。我说老谢曾经特意把他儿子谢衍的处女作《女儿红》剧本寄给我,嘱我"非看不可"。李行说谢晋对谢衍这条根脉很在乎,丧子之痛会伤及他的身体。这时我忽然感到老谢今年有点流年不利。心想今年若去南方,要设法绕道去上海看看他。但现在这一切都只是过往的一些毫无意义的念头了。

太熟太熟的一位朋友了。自20世纪80年代以来在政协、文联以及大大小小各种会议和活动中,无论是会场上相逢相遇,还是在走廊或人群中打个照面,都会有种亲切感掠心而过。老谢是个亲和、简单、没有距离感的人。在我的印象中,他几十年说的话似乎只有三个内容:剧本,演员,为电影的现状焦急。他脑袋里再放不进去别的东西。如果你想谈别的——那你只好去自言自语,他听似没听进去;但只要你停下来,他立即开始大谈他的剧本和演员,或者对电影业种种弊端发火。他发火时根本不管有谁在座。这时的老谢直率得可爱。他认为他

谢晋来访，不只谈电影。

在为电影说话，不用顾及谁爱听或不爱听。他从不谈自己；他的心里似乎没有自己。他口中总是挂着斯琴高娃、姜文、陈道明、潘虹、刘晓庆、宋丹丹和第五代导演们那些出色的电影精英。他眼里全是别人的优点。能欣赏别人的优点是快乐的。还听得出来，他为拥有这些精英的中国电影而骄傲。

在此之外的老谢一刻不停地忙忙碌碌，找演员、搭班子、谈经费、来去匆匆去看外景。难得一见的是他在某个会议餐厅的一角，面前摆着从自助餐的菜台拣的一碟子爱吃的菜，还戳着一瓶老酒，临时拉不到酒友就一人独酌。这便是老谢最奢侈也是最质朴的人生享受了。他说全凭着酒，才能在野战军般南征北战的拍片生涯中落下一副好身骨。他说，这琼浆玉液使得他血脉流畅，充满活力。前七八年我和他在京东蓟县选外景时，他不小心被什么绊了一跤，摔得很重，吓坏了同行的人，老谢却像一匹壮健的马，一跃而起，满脸憨笑，没受一点伤。那年他78岁。

天生的好身体是他天性好强的本钱。他好穿球鞋和牛仔裤，喜欢独来独往，不喜欢陪伴，一位标准的职业电影人。虽然他穿上西服挺漂亮，但他认为西服是"自由之敌"。他从不关心全国文联副主席和政协常委算什么级别，也不靠着这些头衔营生；他只关心他拍出的电影分量。一次，一位朋友问他是不是不喜欢炒作自己，他说他相信真正的艺术评价来自口碑，也就是口口相传。因为对于艺术，只有被感动并由衷的认可才会告知他人。

这样的艺术家，活得平和、单纯而实在。那些年，年年政协会议期间文艺界的好朋友们都要到韩美林家热热闹闹地聚会一次。吴雁泽唱歌，陈钢弹曲，白淑湘和冯英跳舞，张贤亮吹牛，姜昆不断地用"现挂"撩起笑声。唯有老谢很少言语，从头到尾手端着酒杯，宽厚地笑着，享受着朋友们的欢乐。这时，他会用他很厚很热的手抓着我的手使劲地攥一下，无声地表达一种情意。最多说上一句："你这家伙不给我写剧本。"

他心里想的、嘴里说的还是电影！

我的确欠他一笔债。20世纪90年代初他跑到天津要我为他写一部足球的电影。他说当年他拍了《女篮五号》之后，主管体育的贺龙元帅希望他再拍一部足球的影片。他说他欠贺老总一部片子。他这个情结很深。我笑着说，如果我写足球就从一个教练的上台写到他下台——足球怪圈的一个链环。他问我"戏"（影片）怎么开头。我说以一场大赛的惨败导致数万球迷闹事，火烧看台，迫使老教练下台和新教练上台——"好戏就开始了"。他听了眼睛冒光，直逼着我往下追问："教练上台的第一个细节是什么？"我想一想说："新教练走进办公室，一拉抽屉，里边一条上吊的绳子。这是球迷送给老教练的，现在老教练把这根上吊的绳子留给了他。"当时老谢使劲一拍我肩膀说，咱们合作了。后来在紧接着的亚运会期间，我和老谢一同坐在看台上看中国与泰国的足球赛，想找一点灵感。但那天中国队输了球，二比〇，很惨。赛后，我和老谢去找教练高丰文想问个究竟，请高丰文一定说实话，到底输在哪里。没料到高丰文说："还得承认人有个能力的问题。"

这句话给我很大的刺激,使我一下子抓不到电影的魂儿了。此后尽管老谢一个劲儿地催我写,但他也抓不住这部电影的魂儿了。合作就这样搁置。之后几年里,老谢一直埋怨我不肯为他出力,直到他看中我的一部中篇小说《石头说话》才算有了"转机"。我对他说:"第一,我把这部小说送给你,不要原作版权;第二,我免费为你改写剧本。但欠你的那笔'足球债'得给我销账了。"我嘴上说是"还债",心里却是想支持他。因为此时的谢晋拍电影已经相当困难。

谢晋无疑是中国当代电影史一位卓越的创造者。20世纪后半个世纪,电影在中国是最大众化的艺术。谢晋是这中间的一个奇迹。从《舞台姐妹》、《女篮五号》到《天云山传奇》、《牧马人》、《芙蓉镇》、《鸦片战争》,他每一部作品都给千家万户带来巨大的艺术震撼。可以说从他的电影创作中能够清晰地找到当代电影史的脉络。谢晋的电影美学是典型的现实主义。他注重时代的主题,长于正剧,致力以强烈的戏剧冲突有声有色地推动故事;他善于调动观众的情感参与,尽可能面对最广大的受众;个性而丰满的人物是他的至上追求。不管电影怎么发展,电影的观念和技术怎么更新,历史是已经被认定的现实。谢晋是那个时代耀眼的骄子。他是在当代电影史写过光辉一页的大师。

然而,从历史的站头下车的人是落寞又尴尬的。晚年的老谢,走出电影创作的中心,但他不改好强的本性,为了筹资和找选题四处奔波。他曾给我寄来《拉贝日记》,还想叫我去法国寻觅冼星海遗落在那里的一段美丽的爱情往事。这期间,我的那个一直未上马的《石头说话》,几次燃起希望随后又石沉大海。相信还有别人与老谢也有同样的交往。我不求那个电影拍成,只望他有事可做。一位友人对我说:"老谢简直是挣扎了。他应该学会放弃,因为他的时代已经过去了。电影已经从文学化走向视觉化。他那种故事没人看了。"

我说:"你不懂老谢。电影是他的生命,他活一天,就得活在电影中。他最佩服黑泽明,因为黑泽明是死在拍摄现场的。他说他也会这样。"

今天,老谢终于完成了他这个可怕又浪漫的理想。听说他正要去杭州为他的《大人家》去筹款呢。

一个把事业做到生命尽头的工作狂,一个用生命基奠艺术的艺术家。他用一生诠释了艺术家真正的定义。艺术家就是要把全部生命放在艺术里,而不是还留一些放在艺术外边。

原本开笔写此文之时,心中一片哀伤,隐隐发冷。然而,写到这里,已经浑身火辣辣地充满激情。这好,我愿用这样的文章结尾送一送老谢。

仲爷祭

爷，是天津男人间的尊称；我们称张仲先生为仲爷，更是含着对这位精通津门地域文化的学人特殊的敬意。

我用"仲爷"这称呼叫了他二十年，但他今天走了，走得无影无踪。他会从此消失在他挚爱终生的温暖的天津吗？这确是真的吗？

当我看到手机上他的电话号码，忽然感到电话那边再无人接听，再没有他那苍老的声音，没有我们相互的打趣或对什么执意的探讨，这才感到生活有一块陡然空了，一片虚无，连平时相处时那种特有的亲切的气息也了无踪迹。

已经记不起第一次在哪里认识的他，却记得20世纪80年代他在房产局工作，当时我的住房分配正掌握在他的单位中。他比我似乎还心急，但他只是一般的办事员，为我使不上劲，只能一次次把他听到的关于我住房的消息，跑来给我"通风报信"。一次，他带着一脸花开般的笑容，爬上我家那间小阁楼上说，很快会分配两间小房给我；可是转一天他又跑来，神色阴沉地说"他们又翻车了，说你这样的人他们才不管呢"，跟着竟落下泪来。

这眼泪落在我心里。朋友间相互打动和依存的根由不就是一个真字吗？然而，使我们成为密切的朋友，却缘于1984年我开始写《神鞭》那类"文化反思小说"。待与他聊起老天津的生活，仲爷所知之广之深之精微，令我吃惊。他像是从一二百年时光隧道走回来的人。他不是那种"书呆子"，他的知识全是五光十色活生生的。只要是老天津的，不论是街头巷尾，五行八作，生活百科，乃至一式图样一颗衣扣一种烧饼一个从未听说过的地名或人名，他都能绘声绘色把它们说活了。经过他口中的历史全是复活的历史。

正因为这样，在20世纪90年代初我举行的一系列关于天津历史文化的普查时——比如老城文化普查、小洋楼采风、估衣街抢救等行动中，他都是我有力的支持者。老实说，当时那些文化行动触动了某些人的既得利益，压力乃至威胁一直围着我们转。然而，这位曾经受过二十多年不公正待遇的仲爷却没有退缩。是由于天性的耿介正直还是对文化执著的爱？我想两样都有。在我大步急匆匆穿行于老城里和估衣街时，耳边一直伴着他细碎的快步的足音。一些媒体都曾报道我在一片瓦砾的估衣街上流泪的情景，但有谁看到仲爷在推成平地的六百年的"老城"中失声痛哭？我看到了。这样子至今清晰地印在我的心里。文人的情怀与责任感，是我们成为好友的根基。任何世俗功利的沙子都不在我们之间。

然而，如何使仲爷无形的知识落到纸上，始终是我心里的事。我支持他写小说、随笔和地域文化的散文，但这都不足把他脑袋里庞博的文化记忆与积累搬出来。一次，我对他笑道："我已经把你列入文化抢救的范畴了。"

近十年，年过七十后的仲爷明显而加速地苍老。半个世纪前残酷的劳改生活留下的恶果使他的双腿走起来日渐艰难。于是去年中国民协决定给全国各地为民间文化事业奋斗一生的专家学者授予"山花奖终生成就奖"时，我们将他列入其中。在苏州颁奖典礼上，当我看到仲爷银发飘动地走过红地毯时，由衷为他高兴、骄傲，也欣慰。他才华独具，却一生坎坷太多，半生落难，一子有疾，晚年丧偶，理应有这样的补偿与荣耀。

事后，他对我说："老弟，你帮我画了一个完满句号。"我说："不是句号，是金子做的逗号。后边还长着呢，还有好多事等着您做。"

我已经决定由我的现当代文学研究生为他做一本《张仲：口述天津》，计划40万字。他年迈力弱，无力再写大书。口述史的方式是挖掘和整理他文化财富最好的手段。

然而，今年以来他胃痛发作。他本来口壮胃健，为什么渐渐怕吃东西了？

我似乎有一种不祥的预感。但他很固执，不去看病，相信自己身体能顶住任何麻烦。记得4月份我出国前在去往机场的路上，还打电话叫他去医院检查。他说他吃了些草药好多了。我说："刘炳森就是不检查不确诊，结果耽误了自己。"谁料，仲爷重蹈了炳森的覆辙，终于恶性的病急性发作。谁也拦不住。

一个月前，我去医院看他时。他昏昏沉沉对我说："这里不好，你们快跑吧。"显然已经神志不清，我心里明白，仲爷已经踏上不归路。我想，我大概不会再来看他。因为我最怕看到朋友最后的痛苦。在我离开病房时，仲爷头歪在枕头上，朝我无力地摇着手。我的心一动，转回身到床边再紧紧握一握他的手。这是我俩之间真正的生离死别。他的表情痛苦而无奈，这表情叫我良心不安。我不能帮朋友摆脱这种绝望。有时在生死之间，人是一无所能的。

仲爷走了。一本天津地域文化的活字典永远地合上了，一大宗珍贵的文化记忆随风飘去。我没有及时把他的口述史抢下来。这是永远的遗憾，也是我永难补偿的一个过失——因为我深知仲爷真正的价值。

我想，今后一段日子，我脑袋里会不时蹦出他的电话号码，但我不会再拨打，因为那号码后边一片空茫，寂寥无声，唯有伤感与怀念。

七夕·摩喝乐·仲爷

七夕那几天，我说不宜将"七夕"称做"中国情人节"，其原因是中国传统节日的主题与西方不同。西方的节日主题多为单一的，情人节就是情人们表达彼此的爱慕，母亲节就是感谢母亲的生养之恩和祝福母亲。中国传统节日却是多重的，比如清明，既有怀念先人与亡故亲友的传统，也是游春赏春迎春的内容；再比如七夕，既是对白头偕老、终生不渝爱情的尊崇，也要显示女性心灵手巧和贤惠聪颖；还有，古代的家族社会十分看重子孙传衍，同时在农耕时代，由于人工劳力之必须，女人生子更是头等大事。人们生育求子的愿望就加入到七夕的节日风俗中来。

说到七夕求子，就要提到宋元时期的摩喝乐了。摩喝乐是一种陶土塑制的化生孩儿的偶像。化生就是变化滋生。从本意上说，摩喝乐是一种生育的崇拜物，一种求子的象征。每到七夕，已婚的牛郎织女在天上相会，这正是人间表达祈求天助、实现求子愿望的最相宜的时刻。摩喝乐便成了人们七夕风俗的主角。

开始——也就是唐代，人们把化生孩儿刻画在泥饼上供奉，或者制成蜡孩儿，放在水面漂浮为戏，希望天降吉祥，妇女怀孕得子。到了宋代，这一风俗愈加兴盛起来。人们开始用陶土精工细制立体的摩喝乐了。七夕这天，富裕人家都在中庭摆上雕制的楼阁，饰金装彩，把摩喝乐放置其间，表示崇敬；普通百姓也纷纷到街市购买摩喝乐，放在家中虔诚供奉。宋代很多风俗典籍如《东京梦华录》、《武林旧事》、《梦粱录》乃至一些诗文小说，都有生动和有趣的描写。由于摩喝乐广受民间喜爱，内容渐渐扩展，由传统的化生孩儿，到神佛偶像，世俗人物，奇花异兽，社会风情，应有尽有。然而，这种内涵的泛化，是否导致这一风俗渐渐走向消解？反正到了明清时期，民间求子和生育的崇拜，基本上都转移到山神娘娘（碧霞元君）、海神娘娘（妈祖）和送子观音身上去了。

这样，这些古老又优美的摩喝乐在人间便渐渐消失。它体积小，多为陶土，不易久藏，故传世极少。民国年间东渡日本的我国学者傅芸子在奈良兴福寺见过一件，曾视为珍奇。此外我们从哪里还能找到它的痕迹？

近些年随着各地基建动工，摩喝乐偶有发现，然而每次发现都叫人们大开眼界，见识到这种千百年前民间雕塑之精巧，这之中也有几件被文物专家定为国宝。

令我惊喜的是，一天，我身边一位酷爱古物收藏的年轻人董达峰居然捧来一大批摩喝乐。其数量之大，品相之好，做工之美，内涵之广，令我震惊。这位小董先生属于那种从爱好进入收藏的，其实从爱好比从盈利走进收藏会走得更远更深，他连与此相关的史料书籍也一概收罗起来，有的书我也没读过；正因为这样，他才会收集和聚敛到如此一大批多彩多姿的摩喝乐。这是一宗重要的文化财富。不仅实物天下少见，还由于它关系到七夕的风俗的内涵与流变，于我国风俗史的研究是颇具价值的。

小董年轻，需要有人帮助，我便请来仲爷——这是天津人对地方文化大家张仲先生的尊称——对这批藏品进行分类、断代、识别，搞清之后继而做整体研究。摩喝乐是学术的冷门，有几个人研究过摩喝乐呀！若要研究摩喝乐，需要博知广闻，以及扎实的民俗学的功底。在我的视野中，这种事唯仲爷拿得起来。于是邀来仲爷一看原物，他便神采飞扬，满口答应，好像送他一件大礼。

此后多半年后的一天，他对我说已全部整理好，我说我要在学院里做一个民间雕塑博物馆,待博物馆建好,将这批摩喝乐展示出来时,就把您这次对摩喝乐学术整理的成果印一本书。

然而我的事情头绪太多,常常彼此交错,但这一错竟错过仲爷!待近日动手来建民间雕塑博物馆,仲爷已去了两年。一天,在馆内陈列小董这些摩喝乐珍藏时,小董拿来当年仲爷写的手稿。这份手稿初次见到,认真读来,确实颇见功力。他的文章中对摩喝乐的由来,即从佛教的天龙八部的"摩睺罗"到观音的变相再到唐宋化生孩儿的源流嬗变的梳理,令人信服。他还认为,摩喝乐的"求子"理想,到了明清以后直接传衍的线索是天津天后宫的"娃娃哥哥",并认为所有年画的娃娃戏(娃娃样)都与摩喝乐有着延绵未绝的文化的血缘。这对我们研究民间年画娃娃戏的精神内涵深具启示的意义。

使我震动的是,此文文尾仲爷还写了几句话,竟是写给我的!这几句话是"骥才:四十年前的今天,是我一家人遭受厄运的日子。我当时七十多岁的老娘,遭受到'红卫兵'的毒打,但她始终不屈服,所幸无大损伤。今晚我心里十分难过,但终于写完。谢谢。八月二十九日雨夜"

这使我感慨万端。我想到在他完成此文之时,正是夜雨淅淅沥沥,他感物伤时,想起了悲惨的往事和早已过世的母亲,那一夜他内心一定深切的痛楚。如果他当时打个电话与我说说,我会好好宽慰他。这使我强烈地想念这位再不会回到世上的好友!同时我又想到,那一代知识分子不管生活遭遇怎样,却仍孜孜以求地致力于他钟爱的事业。因为他受益于这些美好的文化,而一个民族也不能丢掉自己的文化,他不会放弃它们,并全力为此工作。

一件件宋人精美的摩喝乐,历经千年,今天之所以还能立在我们面前,一是它的创造者,一是它的守护者和传承者。

我说过仲爷这样的人去了,他身后出现的空白是一时无法填补的。可是,这空白不能总空着,它呼唤着后世挚爱自己的文化并甘愿为它奉献的年轻人呵。

司格林教授

不好的消息像流弹，忽然把你击中，你完全没有准备，只知道疼。

没想到在维也纳喝着当年的葡萄酒时，忽然一个来自圣彼得堡大学的短信从手机里跳出来：司格林教授骤然辞世。一时手机的屏幕好似灭了——变黑。

一个几十年里一直是活生生、好说好笑的人怎么突然没了。此前两个月还接到过他来自圣彼得堡的电话，谈的是关于我的散文诗集《灵性》的翻译问题。

记得我和他打趣儿。我说："我最短的一则，只有六个字。可不好译呵。"

诗比文难译，难上去至少三倍。这是谁都知道的事。

他马上回答我："我能叫俄国人读起来，就像中国人读你中文的《灵性》。"

我大笑。笑中还欣赏这位年近80岁老头儿依旧像小伙子那样好胜好强。这不正说明他生命力的依旧强盛。这自然叫人高兴。

记得最初认识他是20世纪80年代初在北京的一次文学活动中，地点忘了。却清楚记得是散会走出会场时，他从远处快速走来，一张随和的洋人面孔，一张口竟用纯正的北京话说：

"我叫司格林。是你好朋友李福清的好朋友。"

李福清是俄罗斯科学院的院士，汉学极好，也是我好几部小说的译者；而司格林这句类似绕口令的话好似炫耀他的中国话有多棒。的确很棒，还有幽默感；一句话就叫我见识到他的个性及其出色的汉语。

我笑道："你的北京话比北京人说得还好。"

他立即接过话说："因为我是老北京。"

我一怔，这话后边是他必定不凡的身世。再一问，原来他出生在北京，16岁才回俄罗斯。我便说：

"中国民间对人的乡音有种说法，15岁是一条'杠'，凡15岁前离开老家的，乡音易改；15岁后离开老家的，乡音难改，甚至要带上一辈子。"

司格林笑眯眯地说："你说这话我就放心了，我喜欢老北京。"

从这句话我听得出他对北京有多么深挚的情感与记忆。

此后我多次见他，他的开朗、亲切与好说话，使你与他相处有一种老朋友的感觉。我喜欢他给我这种神奇的印象：一张纯粹的老外面孔和一口地道的老北京话。话中还时不时蹦出几句北京人智慧的土话与好玩的俚语，显示他对老北京文化透彻到几乎练达的功底。据说他还写过一本关于中国曲艺的专著。这样他的中国文化修养可就深不可知了。凭着这非同寻常的汉语及其文化根底，他做过戈尔巴乔夫的访华翻译，还参加过戈氏与邓小平的会谈。

但我一直没能与他有更深的交往。因为他没译过我的作品。译者与作者只要有过一本书翻译的经历，就是进入朋友间最高的层次——神交。我当然希望与他有这种美妙的关系。可是我听说他译过老舍先生的小说，译得颇合原作的味道。后来我还读到他用中文写的一本回忆录《北京我童年的故乡》。我深信，以他对老北京的偏爱，如果他想译一部中国文学作品，京味小说一定是首选，比方邓友梅或陈建功的。

然而进入21世纪不久的一天，我忽然收到一本打海外邮寄来的外文版小说，打开瞧竟是俄译本《俗世奇人》，译者正是司格林，这使我感到意外。我猜想他对这本小说发生兴趣是由于我所追求的中国文学的一种传统——令人叫绝的故事。可是这小说太天津味儿，天津味儿和北京味儿是两种迥然不同的味道，何况我又过分着力于语言上的"炼字"，他会译得怎样？然而我听到的精通中文的俄国人和精通俄文的中国人都说他的译本"极棒"。后来俄罗斯还出版了这本书的中俄文的对照本，以供俄国人学习中文，这就完全归根于司格林出色的译笔和他对中国风土人情的精熟了。

这样，2005年我访问圣彼得堡大学，见到司格林与之拥抱时，他便用那老北京腔热乎乎地说："太好了，我们的冯骥才来了。"我前边说过，一本书会使译者和作者成为神交的老友。

记得在东方系的座谈会上，司格林教授说："自从60年代老舍先生到我们大学访问之后就没有中国作家来过，因此今天我很激动。"在座谈中，我还知道他们的学者都在默默致力于中国文学的研究，比如对沈从文和莫言。司格林教授的话令我心生歉意。为什么我们竟如此久违了中俄文学的交流，疏离了他们的汉学界？为什么我们曾经对苏俄文学那么狂热，而如今却像"一团粉丝"那样倾倒于欧美和"诺贝尔"？

这想法促使我经过两年努力，从20世纪吴椿所译契诃夫的《黑衣教士》和林琴南所译《罗刹因果录》为始，直至今天——这一百年俄国文学的中译版本中，寻找和挑选出一千种，办一个大型展览叫做"心灵的桥梁"，展示出一个世纪以来俄国文学走入中国长长一串的足迹。王蒙在会上说了一句颇有历史感的精辟的话："这些苏俄文学的中译本，也是中国文学的一部分。"那次活动，我还把中国的俄译名家和俄国重要的汉学家请来，用论坛方式进行交流。李福清、司格林，还有高莽、蓝英年、顾蕴璞等都是主角。索罗金和草婴因身体缘故未能出席，应是遗憾。司格林的话题是"中国文学与俄罗斯读者"，他说由于"凡是想从中国文学了解中国的人首先要寻找已译成本国语言的译本"，所以他认为"翻译家对中国的文化与中国人的心理的研究才是最为重要的"。他所说的"翻译的最高境界是非技术的"，引起了中俄翻译家的共鸣。

当然，我想做的远不止那一次交流活动。我有那么多俄罗斯汉学界的朋友，可以共同做些事。但我从来没去想到我们的年龄有多大；充满活力的司格林还没来得及和我道个别——就匆匆走了。

他前几个月不是还在电话里对我说那本散文诗《灵性》快译完了吗？我正打算今冬的一次国际文化论坛请他再来呢。

他不会再来，永远。

我在维也纳给圣彼得堡大学教授罗季奥诺夫先生发一份电邮，那是一份沉重的唁电，表达我对司格林的痛惜与怀念。后来罗季奥诺夫说，他在司格林的葬礼上念了我的电函，还替我献上一束白玫瑰。

我想，在葬礼上，白玫瑰也会流泪的。

司格林，我还能为你做些什么？我们的情谊和要做的事怎么才能延续下去？

为李福清院士祈福

今年9月7日，我给远在莫斯科的李福清发了一个邮件，祝贺他八十寿诞，并告诉他为他选编的论文集快印出来了。他迟迟未有回复，使我担心起来，我知道他重病压身，心中暗暗祈求上苍帮他转危为安，能有什么奇迹在他身上发生。

李福清很像一个中国人的名字，汉学家都有一个中文名字，他俄文名字的译音是鲍里斯·里弗京。我结识他是在20世纪80年代初，他自"前苏联"来找我。尽管他年长我十岁，那时还是很年轻。身子结实而有活力，下巴的胡子比墨还黑，探询的目光充满真诚，还有一种亲和感。由于近当代中俄非同寻常的关系，我这一代人与苏俄文学有种特殊的情缘，拿王蒙的话说"那时苏俄文学也是中国文学的一部分"。但此前我本人与苏联文学界不曾有过接触，头一次接触便情不自禁大谈苏俄文学；他却避开我的话题，反过来谈我的作品。没想到他对我写的东西竟然那么熟悉，而且已经翻译了我的小说。据说他把我那个凄苦又哀伤的短篇小说《高女人和她的矮丈夫》译成俄文发表在前苏联的《文学报》上时，使得"苏联读者"颇为吃惊。因为那时在他们的印象里中国当代文学是非常革命化的，昂扬乐观，一不怕苦、二不怕死，勇往直前，从来没见过"这么伤感的中国当代小说"。这样非同一般的读者效应，促使他在"苏联时代"就出版我厚厚的一本小

我的小说最早的俄文版译者李福清院士。

说集了。

　　译者与作者的关系情同知己，我们的关系究竟有多亲近？有个小故事胜过许多描述。

　　20世纪80年代后期，李福清去德国访问时，要从波鸿去往科隆，一时找不到合适的住处。在波鸿大学任教的德国汉学家马丁教授——也是做我研究、与我过从甚密的好友——对李福清说，你到科隆可以住我家，我的房子现在空着。李福清到了科隆已是深夜，他找到马丁那条街，却只记着马丁对自己房子的描述，忘了门牌号。他拿不准自己面前的房子是不是马丁的；他掏出钥匙试一试，居然打开了门，可是进了屋子开了灯，心里还犯嘀咕，怕弄错。忽然他看见桌上立着一个小镜框，里边照片竟是我的——

　　"呵，是冯骥才告诉我这房子没错！"李福清事后到中国来对我说起这件事时，哈哈大笑，眼睛闪着亲切的光。那意思像是说：瞧，我们的缘分！

　　而往后，我们的缘分更是非同一般，甚至可以用这四个字来表述：

十分奇特!

　　三十多年来,我们可不是一动不动并立在文学这块土地上的两棵树,一起蹿枝长叶,开花结果;而是像一条江上并行的两条船,一同转弯,转来转去,始终没有分开过。

　　20世纪80年代末,他把一本又一本对中国古典小说与戏曲研究的专著送给我时,我正一部又一部地发表我的文化小说。记得他每次来天津访我时,我都会陪他去沈阳道的旧书摊和山西路上一个书贩子家去淘书。我俩都喜欢清代民间木版印制的绣像小说。每当他翻到一本少见的小书时,脸上的神气好像带着很强的"饥饿感";他常常是抱着一摞书、咧着胡须中的大嘴笑嘻嘻满载而归。待到90年代,我投身到中国民间文化抢救时,他作为老一代俄国汉学大家、中国年画研究学者阿列克谢耶夫的弟子,对年画异常的酷爱及其学养派上了用场。他几乎像一个志愿者,兴高采烈地加入到我们的年画抢救与学术整理中来。

　　应该承认,俄国学者比我们更早地认识到年画——这种岁时应用的花花绿绿木版画中极高的文化价值与艺术价值。从科马罗夫到阿列克谢耶夫——大约由1894—1907年——他们在中国收集并捐藏到俄国一些博物馆的中国木版年画当以万计,而其中大部分在当今中国已无迹可寻。这批藏品是必须进入我们抢救范畴的。在我邀请李福清来整理这批珍藏在俄罗斯的珍贵的年画遗存时,他已年逾七十。他虽然身为俄罗斯科学院的院士,向例不要助手,独来独往,全凭个人。我担心他以一己之力,难以胜任。谁料他像是要实现自己一个夙愿那样,即刻开始工作。那两年他东奔西跑,反反复复游走于分布在俄罗斯各地的二十多个博物馆,翻遍馆藏中国年画的珍品,从中择粹取精,历时三年,终于完成这一巨型的工作。其间,使我惊异的是他筛选、考据、断代、确定产地、阐释内容的能力之高。这些方面不单需要年画学本身极深的修养,更要广博的又庞杂的文化学识。他几十年对中国历史、文学、戏曲、曲艺、美术、民俗等方面研究积累下来的功力,全都使用到这项工作中来。特别他为这部堪称"俄藏中国木版年画档案"

而写的题为《中国年画在俄罗斯》八万字的长文,使我读过不禁发出感叹:"当今俄罗斯,李福清之后谁是来者?"

李福清是位真正的学者。他治学精神几近疯狂,每次与他见面,他都会先掏出一张纸,上边写满了一个个要与你讨论的问题,还有许多大大小小的口袋,里边全都是要请你帮他识别的图片和底片,每张图片每个细节都得谈得明明白白才撂到一边。他深知"学问"二字的关键是"问"。因此,他在中国学界的朋友不胜其多。如果他与你讨论问题时,你对他说"晚上请你吃饭",他会一边礼貌地说声谢谢,一边摆摆手表示没兴趣。他的全部兴趣都投在大得没边、深得没底的中国文化上。

汉学家的意义是,在你急着叫中国文化走出去时,他们已经把中国文化拿过去了。

为了中国文化,他一趟趟辛辛苦苦跑来数十多次。他把多少生命时间放在来来回回长途飞行的航班上?

所以,我特别珍惜李福清。不单因为他是我多方面的知己,异国间情投意合的老友,更由于他在中俄文化交流上无可替代的作用。

在李福清80岁之前的一年,我们就与南开大学的俄国语言文学教授阎国栋先生商议,今年秋天把李福清请过来,还要多邀请一些他在中国的朋友,为他做寿祝寿。为老者祝寿是中国的人文传统,我们想以此表达对他由衷的敬意,进而还策划了一本搜集了李福清多年年画研究的文集,专意用来为此举增色添花的。现在应做的决定是,不管他能不能再来中国一趟,我们都会如期出版这本书,如期举行祝寿会,为他祈福,天赐寿焉。

秋日里对春风的怀念
——兼记李文珍先生

我已经第二次接到旅美画家王公懿越洋的电话了。她用恳切而感人的口气"逼"我为一本书写序。其实，不用她"逼"我，我已经心甘情愿要为这本关于她的老师李文珍先生的书写序。

今世之人，尤其年轻人，肯定不知道李文珍先生是谁？然而曾经受过他绘画教育者，却刻骨铭心地记得他。究竟承受怎样的大恩大德，才能够这样记住一个人？

大约四十年前，我经常和画友岳钦忠去李文珍先生家串门。他住在窄窄的宜昌道上一幢临街的小楼里。在我眼里他家那间四四方方十多平米的客厅是一个小小的"美术沙龙"——当然不是真的沙龙。"文革"那时谁敢私设沙龙呀。不过是些常来的访者聊一聊艺术而已。他总坐在那张带扶手的椅子上抽着烟斗，无论谁进来或走掉，也很少起身，可能因为来到这小小"沙龙"的大多是他的学生们。他在耀华中学任教美术，我不是耀华的学生，但我崇拜他。他那种带着浓重的后期印象主义影响的油画，在"文革"那个文化贫瘠而苍白的年代，叫我们这些求知甚切的年轻人，如沐清风，耳目大开。

那时代的画儿全是好似吃了兴奋剂一样怒目挥拳的造反形象。但在他的画里却都是我们身边事物。日光下彻的河水、白雪覆盖的街道、葱茏或凋败的树木，默默行走着的路人，还有种种室内的"静物"……

可是这些再寻常不过的事物却莫名的神奇与迷人；尤其餐桌上那个总剩着半杯茶水的玻璃杯，晶亮夺目得叫人惊奇。他赋予这些形象何种法术？是神秘的美还是生命？

从今天的角度看，如果不是那个把日丹诺夫式的"现实主义"奉若神明的时代——如果换做今天——李文珍一定是一位独立画坛的杰出的大家。可惜，他的才华被那些荒谬的岁月长久地埋没并搁置一边。

然而，李文珍先生却不逢迎时尚，在寂寞中始终恪守着自己的艺术理想，几十年里一直静静地躲在自己的心灵里作画。他那些凝重刚健又颇具灵气的心性之作，不可能挂在当时任何一个画展上，但他决不会为了世俗功利而矮化自己。这恐怕是那个文化专制时代一个有气质的艺术家仅能做到、又很难做到的。

李文珍先生的个子虽然不高，但腰板挺直而威风。鼓鼓的脑门下目光温和又镇定。虽然他是他的家庭艺术"沙龙"的主人，可说话不多。在他的"沙龙"里谈话很自由，或是谈论谁的画，或是对谁拿来一幅近作议话一番，或是说说笑话。李先生不喜欢长篇大论，对他的话我们却十分留意。他常常冒出一句话，一语破的，道中绘画某一本质。可是他从不教训式地把这些道理硬塞给我们，而是说出来叫人感悟。每每此时，我们都像如获至宝。这是不是他的一种教育方式？

他不是那种用自己个人化的模子翻制学生的教师。尽管他有很执著的个人画风，却从不强迫学生学他的画。他善于发现学生的个性气质，循循善诱地把一个个独特的个性融入美的法则，化为彼此迥异的艺术。这样的艺术教育最难得，需要教师的艺术视野宽阔，并善于启发。其实这才最符合艺术的本质。因为艺术的生命就是个性。成就艺术首先是发现个性和完成个性。记得20世纪60年代，位于北京的几座国家级美术学院年年录取的新生中都有天津耀华中学的学生。他们都是李文珍的门徒，其中不少学生后来都成为很好的画家。然而，这些成功了的学生们更懂得老师的价值，不甘心老师只是一位出色的艺术教育家，还要为他在画坛找到理应得到的位置。

在"文革"刚刚过去的1980年，他的学生们就自发地在天津解放路上的艺术展览馆举办《李文珍暨学生画展》。以众星捧月的阵式，将老师簇拥其间。我曾为那种情与义而感动，撰文相助。当时，李文珍先生还在世，如今李文珍先生已仙逝多年，身在天南地北的学生们又聚在一起，执意为老师再出一本图文并茂的画集，并纷纷写文章忆往事而尽心声。在1980年这些学生都正当盛年，如今多已年近花甲。依我看，1980年那次展览所努力的是为老师讨回艺术的公道，此次则是对恩师的一种悠长而不灭的怀念。今日怀念皆缘于昔日的情谊。这是一种秋天的果实对远去的春天深长的感激。每个秋实的汁液里都包含着春天的雨露；每片通红的秋叶里都隐藏着春天和煦的风。这些我们都从这部厚重的书中感到了。但愿这样纯正的艺术和这种美好的情感，能为更多的人感知。

四君子图

京城一家出版社约我与王蒙、范曾、贾平凹合出一套文集,各人一册,文章自选,还别出心裁地请我们各写一篇与其他三位交往的文章。我脑袋立时冒出这篇序文的题目:四君子图。为何?自我标榜为君子吗?非也。只是想到古人谓竹兰梅菊为四君子,而竹兰梅菊其形其色其味其神彼此不同,不过依此行文,寻些情趣而已。

在这里,竹是我,兰是范曾,梅是平凹,菊是王蒙。至于我与竹何干,放在篇尾再说。

先说兰,范曾。

初识范曾是在二十多年前。他由北京来南开大学捐楼办学,那时他已是书画名家。初次见面不免谈到他的画。他忽说:"我从来不送画给人。"他可能误以为我想向他索画吧,因笑道:"我屋里从来不挂别人的画,只挂自己的画。"谁想后来熟了,他却主动送画给我。他从旁人口中知我母亲喜欢他的字,便托人送来一幅,有字有画,而且是精心之作。一次我生日,关牧村来做客,手里拿着一卷画笑嘻嘻地给我,说道:"我刚从范老师那儿来,他听说你今天生日,当即给你画了一匹马。"我属马,朋友有心,使我感动。

原来他不是不送人画,而是作画及赠画都信由一时的性情。就像兰叶,随意舒展,一任情怀。

再一次，在北京开会时，几位朋友晚间聚在一起喝茶聊天。忽然推门进来一位瘦瘦的男人，手捧本子来找范曾签名，并说："范先生你必签不可。"范曾说："我为什么非得给你签？"那人说："在'四五'天安门事件时，我为了抄你纪念总理的诗，脑袋挨了纠察队一棒子。现在脑顶上还有一个疤呢！"范曾听了，不禁动容，非要看。那人低下头，扒开头发果然有一条很深的疤。范曾问他："你叫什么？"这人说："李国清。国家的国，唐宋元明清的清。"范曾当即拿笔在他的本子上题了两句："江山幸有国清日，不忘当年顶上花。"

其潇洒自如，乃兰草之气质也。

后说梅，平凹。

去年去陕西考察，得机会在西安与平凹一聚。那天恰逢他的大作《秦腔》获茅盾文学奖，笑容很多，抽着烟，龇着牙。我对他打趣说："你在北京说过，叫我到你家挑个陶罐，今天我就为这事来的。"平凹收藏不少汉陶的精品，这是远近闻名的。没想到他人比传说中的大方得多，马上带我去。是不是正赶上他黄道吉日得了大奖了？当然去他家，更是想看看这位文笔诡谲的商州奇士到底怎么活着。

他家在市区一幢公寓房的顶楼。天色入夜，摸摸索索地爬上去。待灯一亮，好似站在一家古董储藏室里。里里外外贴墙摆了一圈的玻璃书柜里，不是书就是古物。使眼一扫，极合我的口味。没一件材质昂贵、制作精美、官家或皇家的物品，自然也很少拍卖行里的热拍品；却一概是原始的、草莽的、乡土的、粗粝的老东西，然件件皆有生命，有罕见的文化信息和沉重的文化分量。真正的藏家都是一逞自家独到的眼光，只有古董商才按照拍卖行的图录淘东西。与我同来的访者，吵吵嚷嚷地问他何以收藏这么多石雕木刻铜铸泥塑各式各样的蛙，何以在书屋正中一把怪模怪样的椅子上"供"着自己的照片。我却坐在他的书桌前，细看他摆满一桌子稀奇古怪的东西。我的书桌乃至书房画室也摆满了各样的东西。每件东西都是因为喜欢才摆在那里的，不经意凑在一起却呈现了自己的世界。细看被平凹摆在书桌上一样样的东西：瓦当、断碑、老砚、古印、油灯、酒盏、佛头、断俑……以及说

坐在贾平凹的书桌前，感觉像掉进他的小说里。
这一天他的《秦腔》刚获得茅盾文学奖，兴致极高。

不清道不明的历史人文的碎块与残片。从中我忽然明白这些年从《病相报告》、《高兴》到《秦腔》，他为什么愈写愈是浓烈和老到。比起那些用地域文化做作料的小说——那些小说只是把地域文化当做灯泡挂在树上，平凹则是把自己生命的老根扎在文化的大地里。于是，就像老梅妆，愈是崚嶒纠结，愈能生出一朵朵活溅溅鲜嫩的花来。

再说菊，王蒙。

记得1985年王蒙要到沙滩的文化部上任部长的前两天，我和张贤亮等几位文友去他家玩儿。那天，他正用不大精熟的英文把美国电影《爱情故事》主题歌的歌词翻译成中文，还一句句地唱。词译得不顺，声音走调得更厉害。我们笑着说："从此中国多了一个部长，少了一个作家。"王蒙立即反驳："我决不会像你们这么弱智。"从此，我一直盯着王蒙在文学路上能走多远。多年来观察到他的情节和细节够写一本小书了。可是，他到了70岁后居然发了疯，又论红楼论老子庄子，又到处演讲演说，还成本大套地写书。很像菊花，愈到天寒木凋之日，开得愈欢。为什么呢？前两年，他在青岛举办研讨会。我正好

要到贵州去开全国文化遗产保护工作会议,去不成青岛了,便为他写了一幅字,半开玩笑半认真地写上四句:

"满纸游戏语,彻底明白人,

偶露部长相,仍是作家魂。"

唯此,他才能像菊花那样,在人生的夕照里把花儿一直开下去。

最后说竹,说我自己。

我非自比为竹。尽管我欣赏竹之虚心和有节,尤其喜爱郑板桥那句写竹的诗"咬定青山不放松"——我还把这句诗作为我们文化遗产保护的座右铭。这里只是说我与竹子靠点边儿的一个小插曲,和上面几位文友凑个热闹。

这件事还是与王蒙有关。那天参观青岛海洋大学的王蒙研究所,主人非叫我和我爱人顾同昭合画一幅小画,留做纪念。盛情难却,勉强从命。我爱人便画了毛茸茸一只小鸟,我用水墨亦湿亦干地补了一片浓竹淡竹,随之心生四句,提笔题在画上:

小鸟落竹中,不啼亦有声,

侧耳四下寻,原故是微风。

这样便是,竹兰逢梅菊,合为君子图。

一笑则已,充做序言吧。

谁能万里一身行？

昨天，摄影家郑云峰跑到天津来，见面二话没说，就把一本又厚又沉的画册像一块大石板压到我怀里。封面赫然印着沈鹏先生题写的三个苍劲的字："三江源"。

夏天里，我在北洋美术馆为郑云峰先生举办"拥抱母亲河"摄影展时，他说马上就要出版这部凝聚他二十多年心血的大书，跟着又说他还要跑一趟黄河的中下游，把黄河拍完整了。干事的人总是不满足自己干过的事，总是叫你的目光盯在他正在全神贯注的明天的事情上。

在他的摄影展上，郑云峰感动了天津大学年轻的学子们。谁肯一个人拿出全部家财买一条船，抱着一台相机在长江里漂流整整二十年，并爬遍长江两岸大大小小所有的山，拍摄下这伟大的自然和人文生命每一个动人的细节？不单其艰辛匪夷所思，最难熬的是独自一人终岁行走在山川之间的孤寂。他为了什么——为了在长江截流蓄水前留下这条养育了中华民族的母亲河真正的容颜，为了给李白杜甫等历代诗人曾经讴歌过的这条大江留下一份完整的视觉"备忘录"。多疯狂的想法，但郑云峰实实在在地完成了。他以几十万张照片挽留住长江亘古以来的生命形象。为此，我在他的摄影展开幕式讲道："这原本不是个人的事，却叫他一个人默默却心甘情愿地承担了。我们天天叫嚷着要张扬自我，那么谁来张扬我们的山河？我们文化的民族？"

提起郑云峰，自然还会联想到最早发现"老房子"之美的李玉祥。他也是一位摄影家，是三联书店的特聘编辑。20世纪90年代初他推出一大套摄影图书《老房子》时，全国正在进行翻天覆地的"旧城改造"。李玉祥却执拗地叫人们向那些正在被扫荡的城市遗产投之以依恋的目光。21世纪初凤凰电视台要拍一部电视片"追寻远去的家园"，计划从南到北穿过数百个各个地域最具经典意义的古村落。凤凰电视台想请我做"向导"，可是我当时正忙着启动多项民间文化遗产的普查，便推荐李玉祥。我说："跑过中国古村落最多的人是李玉祥。"

记得那阵子我的手机上常常出现一些陌生地区的电话号码，都是李玉祥在给电视剧组做向导时一路打来的。这些古村落都曾令李玉祥如醉如痴，这一次却不断听到他在话筒的惊呼："怎么那个村子没了，十年前明明一个特棒的古村落在这里呀！""怎么变成这样，全毁得七零八落啦！"听得出他的惋惜、痛苦、焦急和空茫。也许为此，多年来李玉祥一直争分夺秒地在和这些难逃厄运、转瞬即逝的古村落争抢时间。他要把这些经过千百年创造的历史遗容留在他相机的暗盒里。他是一介书生，他最多只能做到这样。然而他把摄影的记录价值发挥到极致，这些价值在被野蛮而狂躁的城市改造见证着。许多照片已成为一些城市与乡镇历史个性的最直观的见证。李玉祥至今没有停止他的自我使命，依然端着沉重的相机，在天南海北的村落间踽踽独行。古来的文人崇尚"甘守寂寞"和"不求闻达"，并视之为至高的境界。然而在市场经济兼媒体霸权的时代，寂寞似与贫困相伴，闻达则与发达共荣，有几人还肯埋头于被闹市远远撇在一边冰冷的角落里？不都拼命在市场中争奇斗艳、兴风作浪吗？

前些天在北京见到李玉祥。他说他已经把江浙闽赣晋豫冀鲁一带跑遍，他想再把西北诸省细致地深入一下。我忽然发现站在面前的李玉祥有点变样，十多年前那种血气方刚的青年人的气息不见了，俨然一个带着些疲惫的中年汉子。心中暗暗一算，他已年过45岁。他把生命中最具光彩的青春岁月全支付给那些优美而缄默着的古村落了。

然而，很少有人知道他，因为他并不想叫人知道他本人，只想让人们留心和留住那些珍贵的历史精华。

由此，又联想起郭雨桥——这位专事调查草原民居的学者，多年来为了盘清游牧时代的文化遗存，也几乎倾尽囊中所有。背着相机、笔记本、雨衣、干粮和各种药瓶药盒，从内蒙古到宁夏和新疆，全是孤身一人。他和郑云峰、李玉祥一样，已经与他们所探索的文化生命融为一体。记得他只身穿过贺兰山地区时，早晨钻出蒙古包，在清冽沁人的空气里，他被寥廓大地的边缘升起的太阳感动得流泪。他想用手机把他的感受告诉我，但地远天偏，信号极差。他一连打了多次，那些由手机传来的一些片断的声音最终才联结成他难以抑制的激情。上个月我到呼和浩特，他正在东蒙考察，听说我到了，连夜坐着硬席列车赶了几百公里来看我，使我感动不已。雨桥不善言辞，说话不多，但有几句话他反复说了几遍，就是他还要用三年时间，争取70岁前把草原跑完。

他为什么非要把草原跑完？并没人叫他非这么做不可，再说也没有人支持他、答理他。那些"把文化做大做强"的口号，都是在丰盛的酒席上叫喊出来的。他一心只是把为之献身的事做细做精。

然而，这一次我发现雨桥的身体差多了。他的腿因过力和劳损而变得笨重迟缓。我对他说再出远门，得找一个年轻人做伴，"能不能在大学找一个民俗学的研究生给你做做帮手？"他对我只是苦笑而不言。是呵，谁肯随他付出这样的辛苦？这种辛苦几乎是没有回报和任何实惠的。此次我们分手后的第三天，他又赴东蒙。草原已经凉了，今年出行在外的时间已然不多，他必须抓紧每一天。

随后一日，我的手机短信出现他发来的一首诗："萧萧秋风起，悠悠数千里，年老感负重，腿僵知路迟。玉人送甘果，蒙语开心扉，古俗动心处，陶然胶片飞。"此时，在感动之中，当即发去一诗：

　　草原空寥却有情，

　　伴君万里一身行，

志大男儿不道苦，

　　天下几人敢争锋？

　　上边说到三个不凡的人。一个在万里大江中，一个在茫茫草原上，一个在大地的深处；当然还有些同样了不起的人，至今还在那里默默而孤单地工作着。

新年试笔"文老弟"

新年初始,坐在书桌前,桌上放着一叠白纸一支笔,一杯清茶。我喜欢是纯净的玻璃杯沏茶。茶是去年3月下扬州考察古民居时友人赠送的,没料到密封得如此好,开水沏下,居然连江南碧绿的春色都沏出来了。依我的习惯,笔和白纸一直放在案头,随手可用。是不是由于一年初始,生命待兴,纸也放光;笔管似乎在鼓胀,好像墨汁在里边膨脖欲涌,写作的欲望随之而来。第一篇文章应写什么,写谁?抬手一拍脑门,脑袋里居然冒出一位鹤发童颜、目光矍铄的人——文怀沙。我缘何先想到了他?

他是我最"老"的朋友,今年96岁高龄,长我三十多岁;但他偏偏说他的年龄按"公岁"计算,这么一算,他又小我二十岁。我问他,对您我应"称兄"还是"道弟"呢?他说,骥才你不要称我"文老",我讨厌"老",你就叫我"文老弟"好了。我开玩笑地一叫他"文老弟",他果真高兴地"哎哎"地答应着。

当然,他是长辈——我所尊敬的长辈。他从长辈之情对我十分爱惜。他当着旁人对我的溢美之词常常叫我愧不敢当,但他说话语调中那份激情却叫我强烈地感受到了。一次他居然叫他的入室弟子、大书家任步武先生把我的小说《三寸金莲》书写下来。这可是书写本而非手抄本,洋洋十万字端庄精致的楷书呵。任步武先生写了整整一年,这部书的精印出版却是文怀沙亲手的操作,他何以用自己可以著书立说的时间来为一位晚辈后生操持这样的事?这可能正是一种纯粹的文人情怀吧。

一次,济南的齐鲁晚报社为我开文学与绘画作品研讨会,问我请谁,我说请苗子、郁风、丁聪、韩美林、刘炳森、钟呈祥等,都是好友。报社的活动组织者说他们还请了文怀沙。我想这么远他不一定来。谁想一请他就来了。他好像年轻的行者,说走就走,说到就到。经他一说才知道,他出国访问二十天刚刚到北京。我担心他累,那年按公岁也45岁(90岁)了。谁想他情致甚浓,在开幕式我站在台上讲话时,他突然打断我的话,开口一口气就讲了十多分钟,叫我戳在台上好生尴尬,可是如此高龄又率性的老人,信口开河,妙语如珠,当今世上哪里去找?我便含着笑听他说,享受他,等他发挥尽致,再把自己的话接上。

文老有两样令文坛称奇。一样是身体好,腰不弯,背不驼,面如冠玉,唇若涂脂,皮肤如上好的细绸泛着光亮,没有任何沉斑老痣;二样是思维敏捷,记忆如电脑,随口引经据典,唇间妙趣无穷,雅俗不分随口来,喜笑怒骂皆文章。他这两样——前一样(身体)还给后一样(才思)帮忙。每当他谈古论今,语出如江河直下,滔滔不绝,靠的正是他沛然的元气。他声朗气足,字句清晰,语速飞快,别人别想插嘴。他还带着年轻人的那种逞强好胜,捋起胳膊叫人欣赏他皮肤所表现出的健康奇迹,张开嘴巴叫人倾倒他超人敏捷的思维乃至信马由缰。他走路时常常会把手中的拐杖夹在胳膊间,健步如飞,他是真的忘了自己的年纪,还是在炫耀自己超凡的体质?

依我看,他这令人称奇之处,正是一种生命的魅力——长盛不衰以及自我的张扬。

一次,文怀沙手部做手术,为他做手术的护士大口罩遮住下半张脸,露出的一双黑眼睛又大又黑又柔又亮,护士的美令文怀沙惊呆。当医生要为他注射麻药时,他却说只要望着这美丽的护士就不必注射麻药了。果真,他没有注射麻药就成功地做了这次手术。他曾经在电视里讲起这件事。有人说他太风流,有人认为这位"国学大师"似乎还有点不正经。但为什么不去想一想,给他做手术的医生为什么同意他这种"几近荒唐"的想法?其实,当时医生听得出,他没有半点狎邪,只有对美的崇拜与神往。这个九十多岁的老人居然还像年轻人那样痴迷于异性的美和人性的美。他表现出的是一种唯年轻人才有的生命激情。当然,他还有一种潜在的心理与精神,就是对生命的生老病死自然规律的挑战。

我想,肯定是他这种不常见的,甚至是"反常"的想法,把医生打动了。他在完成一次非常规的手术的同时,也完成了一种对生命春天的重温,还有对自身生命活力的自信。

我想,之所以我喜欢他,除去渊博的学识,更是喜欢他这种精神。这种直逼生命,始终把握着生命主动的健康的生命态度。

为此我亦明白,一年之始为什么忽然想起他来,是由于这一天是新的一轮生命时间的开始。我们都会对上天赐予新的一段生命时间而心怀感恩之情,同时都希望自己有更多的生命活力纵情挥洒,就像文怀沙——不,我的"文老弟"这样。

写到此处,我竟然惊奇地发现,玻璃杯里散发出的春色的光竟然映绿了杯子周围的空气。

在摩耶精舍看明白了张大千

摩耶精舍是张大千先生平生最后一个故居，拜谒摩耶精舍是我赴台间的一个心愿。这心愿缘自遥远的少年习画的时代。

那时，悬挂在我桌案对面的大镜框里就镶着大千先生一幅写意山水，是20世纪40年代父亲托人从颐和园买来的，据说当时大千先生住在那怡人的湖光山色之中，一边养性一边作画。父亲共买了两幅，都是五尺中堂大画；一幅浅绛，一幅水墨。浅绛那幅花青用得极美，兰如蓝天一般清澈；水墨这幅更好，消融在水中透明的墨色好似流动着，一如梦幻。这两幅画我换着挂，过一阵子换一换，挂这幅时把那幅放在后边。"文革"时便被"革命小将们"一起扔到院子，扯烂烧掉。

画没了，可画的感受却牢牢驻在我心里。此番来看大千先生的故居是为了重温那两幅失不再来的画吗？绝不仅仅如此。我是想看到他所有画作之外却至关重要的东西，想进一步认识他，可是我能看到这种东西吗？

摩耶精舍在台北的正北面，毗邻台北的故宫博物院，面朝着一条从山林深处潺潺而来的溪水。一边是精深儒雅的人文，一边是天然的山水；大千先生在20世纪70年代末（1978年）自美国迁返中国台湾定居时，买下了这块土地。这天下少有的富于灵气的地方是被他看出来的，还是悟到的？此前这里可是个废弃的养鹿场呵。

大千先生是少有的活着时候就能享受到自己创造成果的画家，这样的人还有毕加索和罗丹。不像梵高终生扛着自己的艺术追求如负苦役，死后却叫数不尽的精明人拿他的画发财。但大千先生会怎样使用他的钱财？像个豪绅那样炫富和铺张吗？

　　当然不是。

　　大千先生的故居貌不惊人。一座朴素的门楼静静地立在一条弯弯曲曲上坡的小道边，倘若门楣上不是悬挂着台静农题写的"摩耶精舍"的墨漆木匾，谁知这是一代大师的故居？从墙头上生出的鲜红又秀气的炮竹花，一束束闪闪烁烁悬垂下来，看上去只像是一个喜好野趣的人家。

　　摩耶精舍是大千先生为自己"创作"的作品。他把一座别出心裁的宽敞又松散的双层的楼式四合院放在这块土地的中间。前后花园，中间也有花园。前园很小，植松栽竹，引溪为池，大小锦鲤游戏其间；房子中间还有小园，立石栽花，曲廊环绕，可边走边赏。台湾多奇花异卉，外地人大多叫不上名字；至于后园与前边的园子就大不一样了。来到这里，视野与襟怀都好像突然敞开，满园绿色似与外边的山林相连。据说这后园本无外墙，由于溪谷就在跟前，每有大雨，溪水迅猛，常常涌至屋前，故而修筑一道围墙，很矮，只为防水，不叫它妨碍视线；大千先生还在园中高处搭了两座小亭，以原木为柱，棕榈叶做顶，得以坐观山色溪光晨晖暮霭林木飞鸟是也。

　　大千先生说："凡我眼见，皆我所有。"

　　这后园一定是大千先生心灵徜徉之地。在园林的营造上，大千先生一任天然，稍加修整而已，好似他的泼墨山水。园内的地面依从天然高低，开辟小径蜿蜒其间；草木全凭野生野长，只选取少许怪木奇花栽种其中；水池则利用地上原有的石坑，凿沟渠引山泉注入其内。大千先生的母亲曾嘱咐他，不要抬头望月，大千先生便常借这水池中的月影来观月赏月，故取名影娥池。娥，乃姣好的嫦娥。

　　院中有一长条木椅，式样奇特，靠背球样地隆起，背靠上去很是舒服，尤其是老年人；这是大千先生四川老家独有的一种椅式。他每作画时间长，辄必背部酸疼，便来院中坐在这椅子上，一边歇背一边赏树观山，吸纳天地之气。

悉心琢磨，大千先生这后花园构思真是极妙。院外是一片自然的天地，矮矮的围墙不去截断自然，园内园外大气贯通，合为一体。那么房子里边呢？也一样融入了这天地的生气与自然的野趣。里里外外到处陈放他喜好的怪木奇石；一排挂在墙上的手杖，没一根是镶玉包金、安装龙头豹首的名牌拐杖。全是山间的老枝、古藤、长荆、修竹，根根都带着大自然生命的情致和美感。这美与情致到了他的画上，一定就是好山水了。

大千先生的画室也是我感兴趣的地方。

大千先生的故居是在他去世（1983年）后，由他的家人不动分毫地捐献出来的，现归台北故宫博物院管理。摩耶精舍内的一切都一如既往，家具物什完好如初，纸笔墨砚都放在老地方，好像大千先生有事暂时出门一般。

画室内最惹我注意的是，大千先生画案下有一小木凳，高约二十公分。川人身材偏矮，大千先生每作大画便要踩上这木凳。他住进台北的摩耶精舍已七旬以上，偏偏这时期他多作泼墨泼彩的大画。画室挂着一张照片，上面大千先生双手握着巨笔，站在木凳上泼墨作画，夫人在身后扶着他的腰部。我还注意到，铺在画案的纸上有水的反光与倒影，可见他泼墨画中用水颇多。水多则墨活，也更自然，并且多意外的情景出现。应该说这幅照片泄露出大千先生那些奇妙的泼墨泼彩画的"天机"。

当然，更泄露出大千先生艺术"天机"的还是他的故居。大千先生旅居巴西时的八德园和美国的环荜庵全都是自己设计的，这"叶落归根"的摩耶精舍更倾注他的心血。从中，我们不仅看出他的趣味、审美、修养和性情，还体悟他的自然观、生命观与精神至上。这里是他精神的巢和心灵的床。为建造摩耶精舍，他用了许多钱财，不少奇石是从巴西、日本与美国高价运到台湾的。但在这里——财富化为了美。既没有世俗的享乐和物欲的张扬，没有鄙俗的器物与色彩，也没有文化作秀，而是一任自己的性情——对大自然和艺术本身真率的崇拜与神往。这就更使我明白20世纪40年代初，在中国画坛如日中天、其画作堪比洛阳纸贵的张大千，为什么会忽然远赴大西北那个了无人迹的敦煌；一连两年漫长的时间里，终日在那些破败的洞窟中爬上爬下，给洞窟断代编号，还请来藏族画师协助制作颜料与画布，举着油灯去临摹幽暗的窟壁中的那些被历史忘却了的伟大的艺术遗珍。

现在，我们把敦煌的大千先生与这里的大千先生合在一起，就认识到一位大师的精神之本，也就更深刻地认识到他的艺术之魂。

这里所有钟表的指针被永远固定在他离别的那一刻——1983年4月2日8时15分；他的遗体就葬在后园的梅林中；然而在摩耶精舍无所不见他影响着我们的精神。

这便是故居的意义，艺术家往往把他们真正有价值的东西无形地放在其中，就看我们能不能发现。

在摩耶精舍，我相信，我看明白了张大千。

对一位背对市场艺术家的精神探访

我一直为"面对艺术背对市场"的主张寻找一位纯粹的奉行者，后来在奥地利的画坛找到了，他便是抽象主义绘画大师马克斯·魏勒。但找到他时，他已经死去。为此，我与他夫人伊雯·魏勒做过两次长谈，通过画家平生真正的知音——魏勒夫人的口述，记述了这位把整个生命融在调色板上而不去旁顾市场一眼的艺术家的人生故事。然而，我还是心怀遗憾。因为这个人究竟已经不在世上。我理想的人总不能都在天堂。

但这一次却补偿了我。魏勒夫人请我去看刚刚开幕的"马克斯·魏勒绘画展"，展览在大名鼎鼎的维也纳现代艺术博物馆。据说这个展览分阶段地展示马克斯·魏勒全部的艺术历程。对于一位真正的艺术家来说，作品就是他本人，或者更能见证他精神的求索。因此，我把观看他此次画展作为对他的一种精神的探访——这便使我结束了对赫尔辛基访问的转天就搭飞机急匆匆赶往维也纳。

使我意外感兴趣的是魏勒夫人邀请这个画展的策展人、原现代艺术博物馆馆长柯普先生陪同我观看展览。我知道，柯普是一位颇具思想力度的艺术批评家。我读过2005年他为在中国北京等地举办"奥地利新抽象绘画展"而出版的画集写的前言。那篇文章几乎是他铁杆地支持抽象绘画的一纸宣言。他的脑袋里条理清晰地装着完整的欧洲抽象画史。和他一起看画展，一定会使我另有收获。

柯普先生在介绍举办这次画展的初衷时，一开口就像抽象画家的律师，他强调20世纪以来，随着传统的具象绘画的两大功能——记录与阐释已被现代科技包括照相术与媒体传播所替代，画家不可避免要重新确认绘画的本质，也必然会在传统的具象之外去寻找新的空间；于是，应运而生的抽象艺术使绘画"死而复生"并充满潜能。马克斯·魏勒正是身处在这个时代绘画何去何从之中的人物。在柯普看来，魏勒要不在具象中默默死去，要不在抽象中获得新生；这个展览正是想叫人们去看魏勒究竟怎样在抽象艺术中创造出自己来的。

一

策展这个概念必须认真说一说。

由作品研究获得发现性的成果，再将这有认识价值的研究结果还原到作品中，以展览的方式体现出来，这是当代西方艺术博物馆普遍使用的策展方法。

记得曾在慕尼黑的美术馆看过一次关于康定斯基的展览，分了三部分。第一部分是康定斯基出现前的欧洲绘画，第二部分是康定斯基及同时代画家（这中间包括克利和蒙德里安等）的作品，第三部分是康定斯基之后的欧洲绘画。这一展览十分鲜明地凸显出康定斯基给欧洲绘画带来什么及其在绘画史上划时代的意义。

这样办展览才是"策展"。"策展"需要思想与艺术的创见，而非低水平的作品陈列。严格地说，我们的美术馆和博物馆还缺乏这种策展人来策展。

此次马克斯·魏勒绘画展的策展同样清晰地体现这样一种深度的意图。它在魏勒各个时期绘画中挑选最具思考与探索意义的作品，有序地展开，使人一目了然地走进他一生曲曲折折却锲而不舍的艺术探求的主线，清楚看到他怎样从一种写实和具象的绘画，经过苦苦地自我磨砺，最终成为一位充满个人魅力的欧洲抽象艺术大师。

在维也纳现代艺术馆中参观"马克斯·魏勒画展",左为柯普先生,中为魏勒夫人。

　　柯普先生用"压力"这个词汇,表述魏勒的绘画最初抛开具象而走向抽象的缘由。我问他:你认为,是为崛起于当时欧洲画坛的抽象主义崭新的潮流所迫,还是追求一种艺术时尚,抑或另有原因?柯普说,当时人们并不知道新兴的抽象绘画究竟落到什么结果;比如法国,20世纪前半叶相当一段时间还不被人们认可。但那时西方许多画家都在寻找一种全新的,甚至是国际化的艺术语言。这当然与"二战"之后正在迅速重构并充满社会活力的整个西方世界密切相关。而对于奥地利来说,在分离主义绘画以及克里姆特和席勒之后,画坛沉默着,似乎期待着一些新的夺目的面孔和响亮人物的出现。当然,魏勒不曾想过去担此大任。但是他从忽然来到眼前的抽象绘画中感觉到有一个巨大的空间可以走进去。

　　然而,新生的抽象绘画是困惑、艰难甚至孤单的,这因为审美习惯是人身上一种相当固执的存在。何况人的视觉认识原本就来自具象,绘画又是最根本的视觉艺术。可以说,人类的绘画一开始就是具象的,几千年没有变过;一直到"疯狂的变形"的毕加索也没离开具象的原点。

更难改变的在画家本人身上。特别是对于那一代由具象转向抽象的画家来说，具象并不是艺术方式，而是一种本能；具象的画家连想象与灵感都是具象的。这也是那一代画家很难从具象蜕变出来而走向抽象的根由。从展厅中魏勒20世纪40年代至60年代的作品中，可以看到画家尚未突出樊篱时的烦恼、焦灼、横冲直撞与各种不成功的试验。这使我想到晚年的吴冠中，他一直被亦成亦败亦苦亦乐伴随着。然而，划时代的大师正是在这充满压抑的黑暗里带着一片光明走出来。展厅中一件名为《别样风情·锈红山之初稿1962／1963》的特殊的"作品"颇引起我的兴趣。它是新近被研究者发现的。这件"作品"实际是一块溅染了彩墨的小纸片，只有7.3×15.5公分大小，但上边奇异的图像却给魏勒以灵感。在这纸片上，可以清楚看到，魏勒用铅笔画了一个长方形的框线，圈出一块更小局部，一下子把纸片上那种奇异的感觉更加突出出来；而在这《别样风情·锈红山之初稿1962／1963》旁还有一幅很大的作品《别样风情·锈红山1963》（96×195cm），其画面恰恰是《别样风情·锈红山之初稿1962／1963》中框线内图像的放大和复制。复制得虽然很准确，很像，却不如其所愿，它拘谨又呆板，远不如那块小纸片上的图像自然而灵动。他竟然这样画过他的抽象画吗？这使我从中看到魏勒的抽象绘画曾经陷入过山穷水尽与步履的艰辛。

然而，真正的艺术家都是在漆黑一团的夜空深处发现明星；在那种无休止的不间断的自我折磨中，迟早一天会奇迹般地立地千尺。

20世纪70年代后，魏勒的作品如顶着白雪的山峰，从迷雾的纠缠中显露它的峻拔。魏勒渐渐找到自己的世界。特别是那些大幅乃至巨幅的作品，已使我们感受到他的充分、从容和自由的自我。当然，他仍没有放弃新的探索与新的可能，因为在他这一阶段作品中间，依然夹杂着种种试验与失败。对于一个伟大艺术家来说，失败是终生的伴侣，成功是偶然邂逅的情人。魏勒一生画了七千幅作品，从来没有过重复之作。这表明他的探索性，也证明他没有为市场打工。柯普对我说:"他只把自己想到的东西呈现在画布上。画完就放在一边。他不卖画,甚至很少参加展览。"

这不正是我所寻找的真正"面对艺术背对市场"的艺术家吗?

二

我通过一起观看画展的德文极精的翻译家徐静华女士对魏勒夫人再次敬意。

我深知伊雯·魏勒在魏勒艺术事业上的作用与意义。

她比魏勒年轻三十五岁。早在20世纪60年代第一次接触魏勒的抽象绘画时就被倾倒。她知道魏勒性格孤独沉默,郁郁寡欢,几乎与世隔绝,终日"生活在自己的眼睛里"。他不善交际,仅有的两个好友后来都相继死去。他从不与画商打交道,人们自然对他的画认识十分有限。她认为应该有人帮助魏勒,让世人认识他,也就必须通过画展与市场这两个公共的渠道与平台推介他的作品,她自愿承担这个使命。从那时起直到后来与魏勒结为夫妻,他们的方式相当美妙:一个用整个生命去创造艺术,一个以全部精力将这非凡的艺术推到世人眼前。

魏勒夫人不反对说她是他的"经纪人",但她反问经纪人只是为了给画家卖画吗?她说她刚刚认识魏勒时,人们并不了解魏勒,魏勒的画价钱十分有限,但他的画却是绝对一流的。经纪人也是有社会责任的——向社会推介好的艺术。

如今魏勒是奥地利最受敬重的艺术家,市场价格极其昂贵。这就有人会疑惑,这位年轻的懂艺术的夫人是否更想为自己的未来创造财富?

难道世界上所有动机都来自利益?是不是我们的世界观出了问题?

魏勒已去世十年。魏勒夫人依然孜孜不倦以各种方式帮助人们理解魏勒。两年前我在维也纳见到魏勒夫人,她说她打算举办一个别出心裁的魏勒画展,在每一幅魏勒的作品前,摆一件中国的山石小品。她说奥地利有一位藏家收藏了一些极精美的中国古代山石小品。她想把魏勒的画与中国的山石配起来，让人们从展览中找到魏勒的抽象画与中国古代山水画的关系，因为艺术圈内的人都知道魏勒的抽象语言曾经得到过中国山水画——特别是宋代山水的神示。

此次一谈方知，那个别具深意的展览已经在维也纳成功举办过了。现在看到的展览却是为了促使人们进入魏勒世界而设计的另一个入口。

魏勒夫人曾对我说，魏勒每一幅画都在寻找一种新的可能性，都有意想不到的东西出现，而且都很完整。魏勒脑袋里的想法无穷无尽。在她看来，她要为魏勒做的事远没结束。

记得，她曾送我一套海顿作品集。一盒八张，盒子有些旧。她说魏勒最喜欢海顿，在魏勒的葬礼上就放着海顿的音乐，她说"非常的美"。我回来听，是美。但一定不是她感觉的美。那种美是她与魏勒之间特有的气息，是属于艺术与精神的，与市场无关。

三

在展厅中，我与柯普先生交谈的一个话题是魏勒在中国宋代山水画中究竟得到了什么。

宋代山水是具象的，魏勒的绘画是抽象的。抽象怎么汲取具象，依我看，他是把具象的中国宋代山水抽象了，或者说用抽象的思维把宋代山水抽象化，然后升华出他心领神会到的精神元素。是哪些元素呢？出生在奥地利蒂洛尔州的魏勒，连骨子里都浸透着阿尔卑斯山起伏纵横时散发出来的情感与气质。他这种近乎天性的气质与中国山水画成熟期（两宋）那些大师巨匠笔下的高山深谷、重峦叠嶂、树海林莽、云雾烟岚一拍即合。他从宋代山水感悟到的是一种大气、灵动和对大自然的欣赏与敬畏。在他尚未脱开具象绘画的早期，其作品（如《风景如画》，1962）甚至还可以清楚对中国山水模写的痕迹，及至20世纪80年代其画作（如《倾盆暴雨1980》）已经找不到中国山水的任何踪影，他所吸收的全化为自己那种清灵又恣意的生命。

我对柯普说，中国山水画可以大致分为两个时期。一是两宋的写实,一是宋代之后的文人写意。其实两宋山水的写实也不同于西方风景的写实,中国的山水画从来都是主观的和理想主义的。在造型上,还有介乎具象与抽象之间的意象。这也是中国画特有的形象观。我认为,它正是抽象画家魏勒能够与之"交接"的缘故之一。能从魏勒的作品看到一些意象的东西吗?如果宋代山水画像英国水彩风景那样写实,恐怕魏勒就会与之毫不相关了。

反过来说,中国当代的抽象画完全有自己的一条道可走。但可惜现在已经陷入一条按照西方的文化观念处理西方感兴趣的中国社会题材的死胡同里了。

柯普说,更重要的是市场的诱惑,他认识一些中国当代艺术家,很有才气,但这两年在北京见到他们,开着好车,抽着名牌雪茄;他们的画在市场卖得很贵,但他们不再往前走,不再探索。他们已经不断重复自己了。

话题又回到魏勒身上。

记得我曾问过魏勒夫人,魏勒的画是较晚才走红于市场的,是不是迟一些了。如果早一些进入市场,会不会对他在各方面都更有帮助。

魏勒夫人摇摇头说,一个画家如果太早进入市场,画卖得好,他就会不断重复自己,不会全心地去思考了。

这恐怕是当代中国绘画必须面对的问题。我们不是很久没有振聋发聩的画作或那种令人觉得天地一新的人物出现了?但一边却是疯狂增长的天价书画频频冲入我们的耳鼓。一位画家朋友美滋滋对我说,我的画价又涨了,我笑着反问他,你的画有什么改变。如果画没变化,价钱高低与艺术何干?

但我们的画坛正在千军万马地陷入市场。

画坛是要纯洁地独立在市场之外的。市场一旦进入画坛,就一定改变画家的价值观,进而消解了艺术的原动力,甚至世俗了艺术的本身。艺术家当然不是拒绝市场,但真正的艺术家是不会为市场作画的。他高贵的心灵应永远生活在艺术的天国里。

春天最初是闻到的·第三章

羌去何处?

羌,一个古老的文字,一个古老民族的族姓,早已渐渐变得很陌生了,最近却频频出现于报端。这因为,它处在惊天动地的汶川大地震的中心。

羌字被古文字学家解释为"羊"字与"人"字的组合,因称他们为"西戎的牧羊人"。在典籍扑朔迷离的记述中,还可找到羌与大禹以及发明了农具的神农氏的血缘关系。

这个有着三千年以上历史、衍生过不少民族的羌,被费孝通先生称之为"一个向外输血的民族",曾经为中华文明史做出过杰出贡献。但如今只有三十万人,散布在北川一带白云迷漫的高山深谷中。他们居住的山寨被称做"云朵上的村寨"。然而这次他们主要聚居的阿坝州汶川、茂县、理县和绵阳的北川,都成了大灾难中悲剧的主角;除去少数一千羌民远居住在贵州省铜仁地区之外,其他所有羌民几乎全是灾民。

古老的民族总是在文化上显示它的魅力与神秘。羌族的人虽少,但在民俗节日、口头文学、音乐舞蹈、民居建筑、工艺美术、服装饮食以及民居建筑方面有自己完整而独特的一套。他们悠长而幽怨的羌笛声令人想起唐代的古诗;他们神奇的索桥与碉楼,都与久远的传说紧紧相伴;他们的羌绣浓重而华美,他们的羊皮鼓舞雄劲又豪壮,他们的释比戏《羌戈大战》和民俗节日"瓦尔俄足节"带着文化活化石的意味……而这些都与他们长久以来置身其中的美丽的山水树石融合成一个文化的整体了。近些年，两次公布的国家非物质文化遗产名录已经把其中六项极珍贵的民俗与艺术列在其中。中国民协根据这里有关大禹的传说遗迹与祭奠仪式，还将北川命名为"大禹文化之乡"。

在这次探望震毁的北川县城的路上，到处是大大小小的飞石，树木东倒西歪，却居然看到道边神气十足地竖着这样一块大禹文化之乡的牌子，可是羌族唯一的自治县的"首府"——北川已然化为一片惨不忍睹的废墟。

二十天前北川县城就已经封城了。城内了无人迹，连鸟儿的影子也不见，全然一座死城。湿润的空气里飘着很浓的杀菌剂的气味。我们凭着一张"特别通行证"，才被准予穿过黑衣特警严密把守的关卡。

站在县城前的山坡高处，那位靠着偶然而侥幸活下来的北川县文化局长，手指着县城中央堆积的近百米滑落的山体说，多年来专心从事羌文化研究的六位文化馆馆员、四十余位正在举行诗歌朗诵的"禹风诗社"的诗人、数百件珍贵的羌文化文物、大量田野考察而尚未整理好的宝贵的资料，全部埋葬其中。

我的心陡然变得很冲动。志愿研究民族民间文化的学者本来就少而又少，但这一次，这些第一线的羌文化专家全部罹难，这是全军覆没呀。

我们专家调查小组的一行人，站成一排，朝着那个巨大的百米"坟墓"，肃立默哀。为同行，为同志，为死难的羌民及其消亡的文化。

大地震遇难的羌民共三万，占民族总数的十分之一。

在擂鼓镇、板凳桥以及绵阳内外各地灾民安置点走一走，更是忧虑重重。这里的灾民世代都居住在大山里边，但如今村寨多已震损乃至震毁。著名的羌寨如桃坪寨、布瓦寨、龙溪川、通化寨、木卡寨、黑虎寨、三龙寨等都受到重创。被称做"羌族第一寨"的萝卜寨已夷为平地。治水英雄大禹的出生地禹里乡如今竟葬身在堰塞冰冷的湖底。这些羌民日后还会重返家园吗？通往他们那些两千米以上山村的路还

通过北川县城路卡。

会是安全的吗?村寨周边那些被大地震摇散了的山体能够让他们放心地居住吗?如果不行,必须迁徙,积淀了上千年的村寨文化不注定要瓦解吗?

在久远的传衍中,这个山地民族的自然崇拜和生活文化都与他们相濡以沫的山川紧切相关。文化构成的元素都是在形成过程中特定的,很难替换。他们如何在全新的环境找回历史的生态与文化的灵魂?如果找不回来,那些歌舞音乐不就徒具形骸,只剩下旅游化的表演了?

在擂鼓镇采访安置点的羌民时,一些羌民知道我们来了,穿着美丽的羌服,相互拉着手为我们跳起欢快的萨朗舞来。我对他们说:"你们受了那么大的灾难,还为我们跳舞,跳这么美,我们心里都流泪了。当然你们的乐观与坚强,令我们钦佩。我们一定帮助你们把你们民族的文化传承下去……"

不管怎么说,这次地震对羌族文化都是一次毁灭性的打击。它使羌族的文化大伤元气,这是不能回避的。在人类史上,还有哪个民族受到过这样全面颠覆性的破坏,恐怕没有先例。这对于我们的文化遗产保护工作，无疑是一个巨大的难题。

可是，总不能坐待一个古老的兄弟民族的文化在眼前渐渐消失。于是，这一阵子文化界紧锣密鼓，一拨拨人奔赴灾区进行调研，思谋对策和良策。

马上要做的是对羌族聚居地的文化受灾情况进行全面调查。首先要摸清各类民俗和文学艺术及其传承人的灾后状况，分级编入名录，给予资助，并创造传承条件，使其传宗接代。同时，对于地质和环境安全的村寨，经过重新修建后，应同意原住民回迁，总要保留一些原生态的村落——当然前提是安全！还有一件事是必做不可的，就是将散落各处的羌族文化资料汇编为集成性文献，为这个没有文字的民族建立可以传之后世的文化档案。

接下来是异地重建羌民聚居地时，必须注意注入羌族文化的特性元素；要建立能够举行民俗节日和祭典的文化空间；羌族子弟的学校要加设民族传统文化教育的课程，以利其文化的传承；像北川、茂县、汶川和理县都应修建羌族文化博物馆，将那些容易失散、失不再来的具有深远的历史和文化记忆的民俗文物收藏并展示出来……说到这里，我忽想做了这些就够了吗？想到震前的昨天灿烂又迷人的羌文化，我的心变得悲哀和茫然。恍惚中好像看到一个穿着羌服的老者正在走去的背影，如果朝他大呼一声，他会无限美好地回转过身来吗？

废墟里钻出的绿枝

车子驶入绵竹，这里好像刚打过一场惨烈的战争。零星的炮声——余震还时有发生。到处残垣断壁，瓦砾成堆，大楼的残骸狰狞万状；多么强烈的地动山摇，能够把一座座钢筋水泥建筑摇得如此粉碎？由车窗透进来的一种气味极其古怪，灭菌剂刺鼻的气息中还混着酒香。一问才知，剑南春酒厂的老酒缸全碎了。存藏了上百年、价值几亿元的陈年老酒全部化成气体无形地飘散在震后犹然紧张的空气里。

这使我想起五年前来考察绵竹年画时，参观过剑南春酒厂。那次，我是先在云南大理为那里的木版甲马召开专家普查工作的启动会，旋即来到绵竹。绵竹不愧是西部年画的魁首。它于浑朴和儒雅中张显出一种辣性，此风唯其独有。绵竹人颇爱自己的乡土艺术。那时已拥有一座专门的年画博物馆了，珍藏着许多古版年画的珍品。其中一幅《骑车仕女》和一对"填水脚"的《副扬鞭》令我倾倒。前一幅画着一位模样清秀、衣穿旗袍、头戴瓜皮帽的民国时期的女子，骑一辆时髦的自行车，车把竟是一条金龙。此画所表达的既追求时尚又执著于传统的精神，显示出那个变革的时代绵竹人的文化立场。后一幅是"填水脚"的《副扬鞭》，"副扬鞭"是指一对门神；"填水脚"是绵竹年画特有的画法。每逢春节将至，画工们做完作坊的活计，利用残纸剩色，草草涂抹几对门神，拿到市场换些小钱，好回家过年。谁料无意中却将绵竹画工高超的技艺表现出来。简练粗犷，泼辣豪放，生动传神。这一来，"填水脚"反倒成了绵竹年画特有的名品。记得我连连赞美这幅清代老画《副扬鞭》是"民间的八大"呢！

那次在绵竹还做了几件挺重要的事：去探望年画老艺人，召开绵竹年画普查专家论证会；这样，对绵竹地区年画遗产地毯式的普查便开始了。普查做得周密又认真，成果被列入国家级文化工程《中国木版年画集成·绵竹卷》。其间，中国民协还将绵竹评为"中国木版年画之乡"。这来来回回就与绵竹的关系愈扯愈近。

大地震发生时，我人在斯洛文尼亚，听说震中在汶川，立即想到了绵竹，赶紧打电话询问年画博物馆和老艺人有没有问题，并叫基金会设法送些钱去。那期间，震区如战场，联系很困难，各种好消息坏消息都有，说不上哪个更可靠。回国后，便从四川省民协那里得知年画博物馆震成危楼，没有垮塌，两位最重要的老艺人都幸免于难。但一个画乡棚花村已被夷为平地。更具体和更确凿的情况到底怎样呢？

这次奔赴灾区，首先是到遵道镇的棚花村。站在村子中央，环顾四方，心中一片冰冷。整个村庄看不到一堵完整的墙，只有遍地的废墟和瓦砾，一些印着"救灾"二字的深蓝色小帐篷夹杂其间。村中百户人家，罹难十人。震后已有些天，村民心情渐渐平静下来，开始忙着从废墟里寻找有用的家当，但没人提年画的事。人活着，衣食住行是首要的，画画的事还远着的。

茫然中想到，最要紧的是要去看另外两个地方：一是年画博物馆，看看历史是否保存完好；二是看看两位重要的年画传承人——老艺人现况到底如何？

年画博物馆白色的大楼已经震损。楼上的一角垮落下来，外墙布满裂缝。馆长胡光葵看着我惊愕的表情说："里面的画基本上都是好好的，没震坏。"他这句话是安慰我。我问他："可以进去看看吗？"眼见为实，只有看到真的没事才会放心。

打开楼门，里边好像被炸弹炸过，满地是大片的墙皮、砖块和碎玻璃，可怕的裂缝随处可见，有的墙壁明显已经震酥了。但墙上的画，尤其前五年看过而记忆犹新的那些画，都像老朋友贴着墙排成一排，一幅幅上来亲切地欢迎我。又见到《骑车仕女》和那对"填水脚"的《副扬鞭》了，只是玻璃镜面蒙上些灰土，其他一切，完好如昨。我高兴地和这些老相识一一"合影留念"，然后随胡馆长去看"古画版库"。打开仓库厚厚的铁门，里边两百多块古画版整齐地立在木架上，毫发未损。看到这些在大难中奇迹般地完好无缺的遗存，我的心熠熠地透出光来。

当我走进老艺人居住的孝德镇的射箭台村，心中的光愈来愈亮。当今绵竹最具代表性的两位老艺人，一位是李芳福，今年85岁。上次来绵竹还在他家听他唱关于年画《二十四孝》的歌呢。他的画风古朴深厚、刚劲有力，在绵竹享有北派宗师的盛名。地震时他在五福乡的老宅子被震垮了，现在被儿子接到湖南避灾，人是肯定没事的，灾后一准回来。另一位是南派大师陈兴才，年岁更长些，人近九十，身体却很硬朗。我见到老人便问："怕吗？"他很精神地一挺腰板说："怕什么，不怕。"大家笑了。他的画风儒雅醇厚，色彩秀丽，多画小幅，鲜活喜人。这几年，当地重视民间艺术，老人搬进一座新建的四合院。青瓦红柱，油漆彩画，当然都是自家画的。房子很结实，陈氏一家现在还住在房内。北房左间是陈兴才的画室；右间里儿子陈云禄正在印画；东厢房也是作画的作坊，陈兴才的孙子和邻家的女孩子都在紧张地施彩设色。这些天，全国各地来救灾或采访的，离开绵竹时都要带上两三幅年画作为纪念，需求量很大，在绵竹市大街上还有人支设帐篷卖年画呢。绵竹年画反变得更有名气。

如今陈家已是四世同堂。两岁的重孙儿在画坊里跑来跑去，时不时也去伸手抓画案上的毛笔，他将来也一定是绵竹年画的传人吧。

我说："只要历史遗存还在——根还在，杰出的艺人和传人还在——传承在继续，绵竹年画的未来应该没有问题。"

民间艺术生在民间。民间是民间文化生命的土地。只要大地不灭，艺术生命一定会顽强地复兴的。

在受灾最重的汉旺镇那几条完全倾覆的大街上考察时，我端着相机不断把发现的细节摄入镜头。比如挂在树顶上的裤子，死角中一辆侥幸完好的汽车，齐刷刷被什么利器切断的一双运动鞋，带血的布娃娃，一盘被砸碎的《结婚进行曲》的录音磁带和被纠结在一团钢筋中大红色的胸罩，时间正好定格在下午两点二十八分的挂钟……忽然我看到从废墟一堆沉重又粗硬的建筑碎块中钻出来一根枝条，上边新生出许多新叶新芽，新芽方吐之时隐隐发红，好似带血，渐而变绿，生意盈盈，继之油亮光鲜，茁壮和旺盛起来。它忽地唤起我刚刚在射箭台村陈家画坊中的那种感受，心中激情随之涌起，不自禁一按快门，咔嚓一声，记录下这一倔犟而动人的生命景象。

草原深处的剪花娘子

　　车子驶出呼和浩特一直向南，向南，直到车前的挡风玻璃上出现一片连绵起伏、其势凶险的山影，那便是当年晋人"走西口"去往塞外的必经之地——杀虎口。不能再往南了，否则要开进山西了，于是打轮向左，从一片广袤的大草地渐渐走进低缓的丘陵地带。草原上的丘陵实际上是些隆起的草地，一些窑洞深深嵌在这草坡下边。看到这些窑洞我激动起来，我知道一些天才的剪花娘子就藏在这片荒僻的大地深处。

　　这里就是出名的和林格尔。几年前，一位来自和林格尔的蒙族人跑到天津请我为他们的剪纸之乡题字时，头一次见到这里的剪纸，尤其是一位百岁剪纸老人张笑花的作品，即刻受到一种酣畅的审美震撼，一种率真而质朴的天性的感染。为此，我们邀请和林格尔剪纸艺术的后起之秀兼学者段建珺先主持这里剪纸的田野普查，着手建立文化档案。昨天，在北京开会后，驰车到达呼和浩特的当晚，段建珺就来访，并把他在和林格尔草原上收集到的数千幅剪纸放在手推车上推进我的房间。

　　在民间的快乐总是不期而至。谁料到在这浩如烟海的剪纸里会撞上一位剪花娘子极其神奇、叫我眼睛一亮的作品。这位剪纸娘子不是张笑花，张笑花已于去年辞世。然而老实说，她比张笑花老人的剪纸更粗犷、更简朴,更具草原气息;特别是那种强烈的生命感及其快乐的天性一下子便把我征服。民间艺术是直观的,不需要煞费苦心地解读,它是生命之花,真率地表现着生命的情感与光鲜。我注意到,她的剪纸很少故事性的历史内容,只在一些风俗剪纸中赋予一些意味;其余全是牛马羊鸡狗兔鸟鱼花树蔬果以及农家生产生活等身边最寻常的事物。那么它们因何具有如此强大的艺术冲击力?于是这位不知名的剪花娘子像谜一样叫我去猜想。

再看,她的剪纸很特别,有点像欧洲十八九世纪盛行的剪影。这种剪影中间很少镂空,整体性强,基本上靠着轮廓来表现事物的特征,所以欧洲的剪影多是写实的。然而,这位和林格尔的剪花娘子在轮廓上并不追求写实的准确性,而是使用夸张、写意、变形、想象,使物象生动浪漫,其妙无穷。再加上极度的简约与形式感,她的剪纸反倒有一种现代意味呢。

"她每一个图样都可以印在T恤衫或茶具上,保准特别美!"与我同来的一位从事平面设计的艺术家说。

这位剪花娘子到底是怎样一个人,她生活在文化比较开放的县城还是常看电视,不然草原上的一位妇女怎么会有如此高超的审美与现代精神?这些想法,迫使我非要去拜访这位不可思议的剪花娘子不可。

车子走着走着,便发现这位剪花娘子竟然住在草原深处的很荒凉的一片丘陵地带。她的家在一个叫羊群沟的地方。头天下过一场雨,道路泥泞,无法进去,段建珺便把她接到挨近公路的大红城乡三顷天子村远房的妹妹家。这家也住在窑洞里,外边一道干打垒筑成的土院墙,拱形的窑洞低矮又亲切。其实,这种窑洞与山西的窑洞大同小异。不同的是,山西的窑洞是从厚厚的黄土山壁上挖出来的,草原的窑洞则是在突起的草坡下掏出来的,自然也就没有山西的窑洞高大。可是低头往窑洞里一钻即刻有一种安全又温馨的感觉,并置身于这块土地特有的生活中。

剪花娘子一眼看去就是位健朗的乡间老太太。瘦高的身子,大手

剪花娘子康枝儿。

大脚,七十多岁,名叫康枝儿,山西忻州人。她和这里许多乡村妇女一样是随夫迁往或嫁到草原上来的。她的模样一看就是山西人,脸上的皮肤却给草原上常年毫无遮拦的干燥的风吹得又硬又亮。她一手剪纸是自小在山西时从她姥爷那里学来的。那是一种地道的晋地的乡土风格,然而经过半个世纪漫长的草原生涯,和林格尔独有的气质便不知不觉潜入她手里的剪刀中。

和林格尔地处北方游牧文化与中原农耕文化的交汇处。在大草原上,无论是匈奴鲜卑还是契丹和蒙族,都有以雕镂金属皮革为饰的传统。当迁徙到塞外的内地民族把纸质的剪纸带进草原,这里的浩瀚无涯的天地,马背上奔放彪悍的生活,伴随豪饮的炽烈的情感,不拘小节的爽直的集体性格,就渐渐把来自中原剪纸的灵魂置换出去。但谁想到,这数百年成就了和林格尔剪纸艺术的历史过程,竟神奇地浓缩到这位剪花娘子康枝儿的身上。

她盘腿坐在炕上,手中的剪刀是平时用来裁衣剪布的,粗大沉重,足有一尺长,看上去像铆在一起的两把杀牛刀。然而这样一件"重型武器"在她手中却变得格外灵巧。一叠裁成方块状普普通通的大红纸放在身边，她想起什么或说起什么，顺手就从身边抓起一张红纸剪起来。她剪的都是她熟悉的，或是她的想象的，而熟悉的也加进自己的想象。她不用笔在纸上打稿，也不熏样。所有形象好像都在纸上或剪刀中，其实是在她心里。她边剪边聊生活的闲话，也聊她手中一点点剪出的事物。当一位同来的伙伴说自己属羊，请她剪一只羊，她笑嘻嘻打趣说："母羊呀骚胡？"眼看着一头垂着奶子、眯着小眼的母羊就从她的大剪刀中活脱脱地"走"出来。看得出来，在剪纸过程中，她最留心的是这些剪纸生命表现在轮廓上的形态、姿态和神态。她不用剪纸中最常见的锯齿纹，不刻意也不雕琢，最多用几个"月牙儿"（月牙纹），表现眼睛呀、嘴巴呀、层次呀，好给大块的纸透透气儿。她的简练达到极致，似乎像马蒂斯那样只留住生命的躯干，不要任何枝节。于是她剪刀下的生命都是原始的，本质的，膨脖又结实，充溢着张力。横亘在内蒙古草原上数百公里的远古人的阴山岩画，都是这样表现生命的。

她边聊边剪边说笑话，不多时候，剪出的各种形象已经放满她的周围。这时，一个很怪异的形象在她的笨重的剪刀中出现了。拿过一看，竟是一只大鸟，瞪着双眼向前飞，中间很大一个头，却没有身子和翅膀，只有几根粗大又柔软的羽毛有力地扇着空气。诡谲又生动，好似一个强大的生命或神灵从远古飞到今天。我问她为什么剪出这样一只鸟，她却反问我"还能咋样"？

于是她心中特有的生命精神和美感，叫我感觉到了。她没有像我们都市中的大艺术家们搜出枯肠去变形变态，刻意制造出各种怪头怪脸设法"惊世骇俗"。她的艺术生命是天生的，自然的，本质的，也是不可思议的。这生命的神奇来自于她的天性。她们不想在市场上创造价格奇迹，更不懂得利用媒体，千古以来，一直都是把这些随手又随心剪出的活脱脱的形象贴在炕边的墙壁或窑洞的墙上，自娱或娱人。没有市场霸权制约的艺术才是真正自由的艺术。这不就是民间艺术的魅力吗？她们不就是真正的艺术天才吗？

然而，这些天才散布并埋没在大地山川之间。就像契诃夫在《草原》所写的那些无名的野草野花，它们天天创造着生命的奇迹和无尽的美，却不为人知，一代一代，默默地生长、开放与消亡。那么，到了农耕文明在历史大舞台的演出接近尾声时，我们只是等待着大幕垂落吗？在我们对她们一无所知时就忘却她们？我的车子渐渐离开这草原深处，离开这些真正默默无闻的人间天才，我心里的决定却愈来愈坚决：为这草原上的剪花娘子康枝儿印一本画册，让更多人看到她、知道她。一定！

大雪入绛州

在禹州考察完钧瓷古窑出来,雪花纷纷扬扬,扑面而来,这雪花又大又密,打在脸上有种颗粒感。按计划要取道郑州和洛阳而西,经三门峡逾黄河北上,去新绛考察那里的年画。现今全国的十七个主要的年画产地中,就剩下晋南新绛一带的年画的普查还没有启动。晋南年画历史甚久,现存最早的年画就出自北宋时代晋南的平阳(临汾)。这一带很多地方都产年画。除去临汾,新绛和襄汾也是主要的产地。20世纪80年代末我在京津一带的古玩市场曾买到过一些新绛的古画版。历史最久的一块画版《和合二仙》应是明代的。这表明新绛的年画遗存在二十年前就开始流失了。它原有的历史规模究竟如何,目前状况怎样,有无活态的存在,心中毫无底数。是不是早叫古董贩子全折腾一空了?

车子行到豫西,没想到雪这么大,还在河南境内就遇到严重的塞车。大量的重型载重卡车夹裹着各色小车像漫无尽头的长龙,一动不动地趴在公路上。所有车顶都蒙着厚厚的白雪,至少堵了一天了吧。我们想出各种办法打算绕过这一带的塞车,但所有的国道和小路也全都堵得死死的。在大雪里我们不懈地奋斗到天黑,又冷又饿,直把所有希望都变成绝望,才不得已滞留在新安县一家旅店中。不知何故,这家旅店夜间不供暖气,在冰冷的被窝里我给同来的助手发了一个短

在绛州古村光村。

信:"我有点盯不住了,再找机会去绛州吧!"然而,清晨起来新绛那边派人过来,居然还弄来一辆公路警车,说山西那边过来的路还通,要我跟他们呛着道儿去山西。盛情难却,只好顶着风雪也顶着迎面飞驰而来的车辆,逆行北上,车子行了五个小时总算到了新绛。

用餐时,当地主人要我先不去看年画,先去看光村。光村的大名早就听到过。还知道北齐时这村子忽生异光,因名光村。主人说,你只要去了就不会后悔,村里到处扔着极精美的石雕,还有一座宋代的小庙福胜寺,里边的泥彩塑是宋金时代的呢。我明白,他们想叫我们看看光村有没有保护价值,怎么保护和开发。而今年春天我们就要启动全国古村落的普查,听说有这样好的村落,自然急不可待要去,完全忘了脚底板已经快冻成"冰板"了。

雪里的光村有种奇异的美。但我想,如果没有雪,它一定像废墟一样破败不堪。然而此刻，洁白的雪像一张巨毯把遍地的瓦砾全遮掉起来，连残垣断壁也镶了一圈白绒绒的雪，只有砖雕、木拱和雀替从中露出它们历尽沧桑而依然典雅又苍劲的面孔。令我惊讶的是，千形百态精美的石雕柱础随处可见。还有不少石础被雪盖着，看不见它的真容，却能看见它一个个白皑皑、神秘而优美的形态。它们原是各类大型建筑坚实又华贵的足，现在那些建筑不翼而飞，只剩下这些石础丢了满地。光村原有几户颇具规模的宅院，从残余的一些楼宇中可见其昔日的繁华并不逊色于晋中那些大院。但如今损毁大半，而且毫无保护措施。连村中那座被列为国家文物保护单位福胜寺中的宋金泥塑，也只是用塑料遮挡起来罢了。我心里有些发急，抢救和保护都是迫在眉睫了。根据光村的现状，我建议他们学习晋中王家大院和常家庄园在修复时所采用将散落的古民居集中保护的"民居博物馆"的方式。但这需要请相关专家进一步论证，当务急需的是不叫古董贩子再来"淘宝"了。因为刚刚从村民口中得知最近还有一些石雕的柱础与门狮被贩子买去了。近二十年来，那些懂得建筑文化的建筑师们大多在城里为开发商设计新楼，经常关心这些古建筑艺术的却是不辞劳苦和络绎不绝的古董贩子们，这些古村落不毁才怪呢。

从光村回到新绛县城后，这里的鼓乐团的团长听说我来新绛，特意在一座学校的礼堂演一场"绛州鼓乐"给我们看。绛州鼓乐我心仪已久。开场的"杨门女将"就叫我热血沸腾，十几位杨氏女杰执槌击鼓，震天动地。一瞬间把没有暖气的礼堂中的凛冽的寒气驱得四散。跟下来每一场演出都叫人不住喊好。演出的青年人有的是当地的专业演员，有的是艺校学员。应该说这里鼓乐的保护与弘扬做得相当有眼光也有办法。他们一边把这一遗产引入学校教育，从娃娃开始，这就使"传承"落到实处；另一边将鼓乐投入市场，这也是促使它活下来的一种重要方式。目前这个鼓乐团已经在市场立住脚跟，并且远涉重洋，到不少国家一展风采。演出后我约鼓乐团的团长聊一聊，团长是位行家，懂得保护好历史文化的原汁原味，又善于市场操作。倘若没有这样一位行家，绛州古乐会成什么样？由此联想到光村，光村要是有这样一位古建方面的行家会多好呵！

相比之下，新绛的年画也是问题多多。

转天一早，当地的文化部门将他们保存的新绛年画的古版与老画摆满一间很大的屋子。单是古版就有近二百块。先前，新绛的年画见过一些，但总觉得它是古平阳年画的一个分支，比较零散。这次所见令我吃惊。不单门神、戏曲、风俗、婴戏、美人、传说等各类题材，以及贡笺、条幅、横披、灯画、桌裙、墙纸、拂尘纸、对子纸等各种体裁应有尽有，至于套版、手绘、半印半绘等各类制作手法也一应俱全。其中一种门神是《三国演义》中赵云，怀里露出一个孩童——阿斗光溜溜的小脑袋，显然这门神具有保护儿童的含义。还有一块《五老观太极》的线版，先前不曾所见，应是时代久远之作。特别是十几幅美人图，尺寸很大，所绘人物典雅端庄，衣饰华美，线条流畅又精致，与杨柳青年画的"美人"有着鲜明的地域差异，富有晋商辉煌年代的华贵气质和中原文明的庄重之感。看画时，当地负责人还请来两位当地的年画老艺人做讲解。经与他们一聊，二位艺人都是地道的传人。所谈内容全是"口头记忆"，分明是十分有价值的年画财富，对其普查——尤其是口述史调查需要尽快来做的了。只有把新绛年画普查清楚，才能彻底理清晋南年画这宗重要的文化遗产。可是谁来做呢？当地没有专门从事年画研究的学者，没有绛州古乐团的团长那样的人物，正为此，至今它还是像遗珠一般散落在大地上。这也是很多地方文化遗产至今尚未摸清和整理出来的真正缘故。而一些宝贵的文化遗产在无人问津之时就已经消失了。

雪下得愈来愈大，高速公路已经封了。原计划在下一站去介休考察清明文化已经无法成行。在回程的列车上，我的心里真是五味杂陈。三晋大地文化遗存之深厚之灿烂令我惊叹，但这些遗存遍地飘零并急速消失又令人痛惜与焦急。几年来我们几乎天天为一问题而焦虑：从哪里去找那么多救援者和志愿者？到底是我们的文化太多了，专家太少了，还是专家中的志愿者太少了？

我望窗外，外边的原野严严实实和无声覆盖着一片冰雪。

贺兰人的唱灯影子

一个唐代的罐子放了上千年，如果不碰它，总还是那个样子不会变；可是一种戏一种舞一种民俗艺术就不一样了，甭说千年，就是经过百八十年，因时而变因人而变因习尚而变，就像女大十八变那样不断地改变，甚至会变得面目全非，你说京剧、时调、年画、清明节近百年有多大的变化？这便是物质与非物质文化遗产最大的不同。物质遗产是静态的，非物质遗产是动态的，传承的，嬗变的。在这动态的演变过程中，对其影响最直接的是传人。

传承人最大的特点是水平有高有低。如果这一代艺人禀赋高，悟性好，甚至还有创造性，家传的技艺便被发扬光大；如果下一代天赋低，悟性差，缺少才气，水准便一下子滑坡滑下来。有些地方的民间艺术尽管名气挺大，一看却颇平庸，便是此理。为此，看各种民间艺术当下的水准，也是我重要的考察点之一。由此而言，如今贺兰人的皮影——唱灯影子就叫我喜出望外了。

我国的皮影遍及各地，唱腔各异，材料不同，各有各的称呼。诸如北京的"纸窗影"、湖南的"影子戏"、福建的"皮猴戏"、甘肃陇原的"牛窑戏"、黄河流域的"驴皮影"等等；宁夏的贺兰人则叫它"唱灯影子"。这"唱灯影子"的叫法非常形象。首先是"唱"，戏是唱出来的，"唱"就演戏；然后是"灯影子"，皮影戏不是人直接演的，而是借助灯光把羊皮或驴皮雕刻的戏人照在布单上的影子来演。瞧，贺兰人多干脆，用"唱灯影子"四个字儿就把它说得明明白白。

皮影的表演有在室内也有在室外。皮影要用灯光，在室外必须要等到天黑下来才能演；室内就好办了，不管什么时候，只要拿东西遮住窗子，再吊一条白被单（一称布幕，贺兰人称之为"亮子"），后边使光一照，便可开演。看戏的人坐在布幕前边，演戏的人在布幕后边。

演皮影戏的人不算少，拉弦、操琴、司鼓、吹号、碰铃、伴唱等等，至少得七八个人一同忙。但主角是站在布幕后边正中央的"师傅"。他主说主唱，两只手一刻不停地耍着皮影，同时兼演全戏所有角色。戏的好坏全看他的了。

我每次看皮影，都要跑到布幕后边瞧上几眼。因为那些在布幕上神出鬼没、又哭又笑的灯影子都是在后边耍弄出来的。严严实实的布幕后边总是充满了神秘感，给我以极大的诱惑。

今儿主演这台戏的师傅是贺兰县无人不知的金贵镇潘昶乡的张进绪，所演的戏目叫做《王翦平六国》，说的是秦代名将王翦辅助秦始皇横扫六国、统一天下的故事。这个故事现今很少有人知道，是张进绪从他父亲张维秀手里原原本本接过来的。张维秀在三十多年前就已去世，如今张进绪也是六十开外；个子矮矮，灰衣皂裤，头扣小帽，神色平和，然而他往布幕后边一站，立时好像长了身个儿，一员大将似的，气度不凡。

布幕后边的地界挺小，不足一丈见方，叫拉琴击鼓的乐队坐得密不透风。布幕下边是一条长案，摆着各种道具；其余三面是竹竿扎成的架子，横杆上挂了一圈花花绿绿、镂空挖花的皮影人。张进绪这些皮影人儿和全套的乐器，都是祖上一代代传下来的老物件，摆在那儿，有股子唯老东西才有的肃穆又珍贵的气息。尤其这上百个皮影人，生旦净丑，一概全有。好似人间众生，都挂在那里等候出场。但他们不是被无序或随意挂在那里的，而是依照着出场的前后排次有序。别看他们面无表情,神色木然,只要给张进绪摘下来在布幕前一耍,再配上锣鼓唢呐,以及那种又有秦腔又有道情又有当地的山花的腔调,便立时声情并茂地活蹦乱跳,眉飞色舞,活了起来。

身材矮小的张进绪一旦入戏,便有股子霸气,好似天下事的兴衰,戏中人的祸福,全由他来主宰。后台是他的舞台。他略带沙哑的嗓子又唱又说又喊又叫,两只手把一桌子的皮影折腾得飞来飞去。看他的表情真像站在台上唱戏演戏一般,给我以强烈的感染。但在布幕那一边,却早化成戏中一个个性情各异的灯影子了。

当我回到布幕前边,坐下来细细品赏,便看出他演唱的高超。他不单唱得味儿如醇酒,大西北的苍劲中,兼有黄河滋育的柔和;那些灯影子的举手投足,则无不鲜活灵动,神采飞扬,而且居然能随着说唱和音乐的节奏,摇肩晃脑,挺胸收腹;甚至连同手指头也随之顿挫有致。一时觉得,这唱不是张进绪唱,分明是灯影子在唱。于是,灯影、乐声和剧情浑然一体。如今的贺兰还有多少人有这种功夫?

据说,此地的皮影是一百多年前由一位名叫赵小卓的满族人从陕西带到宁夏来的,后来由贺兰县几位颇具才情的村民接过衣钵,继承发扬,在皮影制作、演唱风格上融入本地的文化与气质,深受百姓热爱。昔时,交通不便,钱太少,戏班子很难深入到穷乡僻壤。老百姓便用这种简朴又优美的影戏自演和自娱。这应是一种原始的"影视艺术"。这种"唱灯影子"不单在贺兰县这一带扎下根,成了气候,影响还远及银南、隆德、盐池和内蒙鄂托克旗等地。据说,当时传承赵小卓皮影戏的有刘派(刘有子)和张派(张维秀)两家。但刘派后继无人,人亡而歌息;张派却传了下来。难得的是今儿的传人张进绪的禀赋依然很高,又深爱这门古艺,所有家传皮影和演奏器具都好端端保存至今。时下,逢到各乡各村举办节庆或喜事的时候,都会请他去演出助兴。届时,他弟弟、妹妹、孩子全是伴唱奏乐的成员。如今这种家庭化的影戏班子,已经非常罕见,传承人的水平又如此之高,真叫我们视如珍宝了。

于是,我扭头对坐在身边的贺兰县的县长低声建议,要全力保护好张家的皮影戏。一是要在经济上贴补传承人的后代，保证其薪火不断，二是设法将张家的老皮影保存起来。演出使用的皮影，可以到陕西华县按照本地的老样子订制一批新的。希望县里考虑给张氏皮影建个小小的博物馆，保存和见证贺兰人"唱灯影子"的传统。三是为张家皮影多创造一些演出机会，使其保持活态。四是把皮影送进当地学校，送进课堂，培养孩子们的乡土文化情感。

话说到这里，忽见白晃晃布幕上，秦将王翦向敌军首领掷出手中宝剑。这宝剑闪着寒光，在布幕上飞来飞去。一时，锣鼓声疾，唱腔声切，气氛颇是紧紧与急迫，忽然哐地一响，飞剑穿透敌首脖颈，顿时身首异处，插着宝剑的首级在空中停了一下，然后"啪"地掉在地上。这一幕可谓触目惊心。满屋看客都不禁叫好。我忽想到：

这么好的贺兰人的唱灯影子，可千万别只叫我们这代人看到。

高腊梅作坊

来到长沙只是稍稍一站，便扎到下边，由湘西绕到湘中，为了心中期待太久的一个目标：隆回。

我喜欢驱车纵入湖湘大地的那种感觉。好像一只快艇驶进无边的凝固的绿色巨浪般的山野里。刚刚从一个毛茸茸的山洼里绕出来，又转进一个软软的深幽的山坳中。好像在一群穿着绿袄的胖胖的大汉温暖的怀抱里爬来爬去。那些从眼球闪过的丛林里一块块黑黝黝的阴影，蛰伏在嶙峋的石头下边苍老的屋顶，似有若无、飘飘忽忽的烟雾，使我恍然觉得梅山教的精髓仍在其间，眼前陡然现出那个此地独有倒翻神坛的张五郎的形象……神秘的湘中文化便混在这湿热的空气里，浓浓地把我包裹起来。我知道，只要这文化的气息一出现，那种古老的生命便会活生生地来到面前。

我的心一阵阵激动起来。

来到隆回，我首先奔着滩头的木版年画。不仅因为滩头的画好，还由于心里一直怀着一种歉疚。

虽然我们为隆回的滩头年画做过一点事——曾将其列入中国木版年画抢救的主要目标之一，帮助他们启动了田野普查，并请深谙湖湘民间美术的专家左汉中先生协助他们编撰了滩头年画的文化档案。这项工作为滩头年画进入国家非物质文化遗产名录起到了关键作用。

然而，我自己却没到过隆回的滩头。多糟！前两年，滩头举办年画节，人家千里还迢迢来请我，我却因琐事缠身不得分身而婉拒了。滩头年画的活化石——钟海仙老人，两次托人带话请我去，我依旧未能成行。更糟！

我说钟海仙是"活化石"，是因为一个世纪前拥聚在滩头镇小溪河两岸的大大小小数十家年画作坊，如今硕果仅存的只剩下钟李二家，而且都是井然有序的世袭传承。滩头年画的招牌作品有两种，一种是《老鼠娶亲》，它还是鲁迅先生心爱的藏品呢；再一种是各类门神。滩头的门神别具一格。在全国各地门神的印制中，门神的双眼多为版印，很少手绘，唯滩头是手工"点睛"。我曾看过钟海仙为门神点睛的录像。他手握粗杆的短毫毛笔，蘸着浓墨，在门神的眼皮下边一按，落笔凝重，毫不迟疑，笔锋随着手腕在纸上微微一颤，似把一种神气注入其间。一双大而黑、圆而活的眼睛立时出现，目光炯炯，神采照人也逼人。应该说滩头年画传承了数百年的画艺就保持在这位18岁便成了"掌门师傅"的钟海仙身上。民间的手艺虽是代代相传，然而上辈的手艺好，并不一定准传到下辈身上。全要看下辈人的才气与悟性了。如果下辈的禀赋高，还能青出于蓝胜于蓝，后浪高过前浪呢。钟海仙就是这么一位。当时，我知钟海仙老人年事已高，还安排了一位研究人员跑到隆回去做他的口述史，尽可能多留下他的一些真东西。事情是做了。但时不待我，人也不待我，去年十月钟海仙老人辞世了。他会不会把身上那些出神入化的手艺也带去了？这也是我此行的最关切的事情之一。

钟家的老宅子依旧在河北边的小街上。临街的两层木楼，下店上坊。钟海仙的老伴高腊梅掌管着画坊。门口的牌匾是"高腊梅作坊"。这决不是钟海仙去世后改了字号，而是在20世纪的极"左"时代，老字号"成人发"不能用了。钟海仙名气大，年画又属古艺，不敢太张扬，便用了妻子的名字为店号。高腊梅是钟海仙一生的画伴。一位个子矮矮却稳重雅致的湘中妇女，生在新邵县高雅塘，自幼随母学习凿花，技艺高超；后与丈夫一同印制年画，又是画艺在身，但如今岁数也大了。我把最关心的问题说给高腊梅：现在谁是画坊的主力呢？高腊梅笑了，指指楼顶，意思是到楼上一看便知。

楼上是典型的手工年画作坊。高大而发暗的木板房内，一边高高低低架着一排排竹竿，晾满花花绿绿的画儿；一边是大画案，一男一女腰间系着围裙，正在面对面印画。房中充溢着纸香与墨香。文人的书房也常常是这种香味。不过文人这种香味清而淡，飘忽不定；画工这种香味浓而烈，扑面而来。印画的男子为中年，女子略小一些。待问方知，女子曾是钟家的帮工，后收为徒；男子是钟海仙的长子钟石棉。原在县自来水厂工作。自小在画坊长大，耳濡目染，通晓画艺。如今父亲去世，母亲年高，当地政府担心钟氏年画一脉由此中断，遂与钟石棉所在单位商议，让他提前退休，享受公务员的待遇，人却回到家中承艺，以使其艺术的香火不灭。

我无意间看到贴在墙上的门神蛮有神气，眼神也活，便问高腊梅这门神是谁做的。高腊梅指指钟石棉说："他。"我对钟石棉说："真不错呀！可得守你们钟家的绝技，还得往下传呵。"

钟石棉露出憨笑。我喜欢他这种笑。这笑朴实，踏实，里边还明显表达出两个字：当然！

据说，钟石棉还有个弟弟在县检察院做检察官，也被政府安排回家承艺。原单位的公职和薪水保持不变。有了两兄弟的"双保险"，钟家画艺的传承何忧之有？

隆回的非遗保护竟然如此认真到位又如此专业！

此后，我又到小溪河边去看望金玉美作坊的艺人李咸陆。当今滩头镇开店印画的，除去钟家，再只有这位老艺人了。但他身患重病，见面时坐在椅子上，连站起身也不能了。很热的天，下半身盖一条被单，握手时他的手又凉又湿。他叫人在桌上摆了笔墨，请我留字。我便写了四个字："画纸成金"，以表达对这位李氏传人的敬意。我更关切的是金玉美的古艺怎么下传。李咸陆有四个孩子，都不肯接过父亲手中的画笔，这是民间文化传衍最要命的事。幸好冒出一位外姓的年轻人，愿意学习李氏的画艺，被李咸陆收为弟子。于是，县政府准备以命名"传人"的方式,鼓励这位年轻人担起历史交接中一副不能搁置的担子。

滩头之行使我颇感欣慰的是,虽然滩头年画和各地民艺一样,皆处濒危,但他们抓住了关键——传承。非遗是一种生命,活态的生命保持在传承中。这就必须有传人。只要保住传人,就保住了非遗的本身。

细雨探花瑶

不管雨里的山路多湿滑，不管不断有人说"你别把冯先生扯倒"，老后还是紧抓着我的手往山上拉，恨不得一下子把我拉到山顶，拉进那个花团锦簇的瑶乡。这个瑶乡有个可以入诗的名字：花瑶。

花瑶，得名于这个古老的瑶族分支对衣装美的崇尚。然而，隆回县政府为花瑶正式定名却是20世纪末的事。这和老后不无关系。

老后是人们对他的昵称，他本名叫刘启后。一位从摄影家跨越到民间文化保护领域的殉道者。我之所以用"殉道者"，不用"志愿者"这个词儿，是因为志愿多是一时一事，殉道则要付出终生。为了不让被声光化电包围着的现代社会，忘掉这个深藏在大山深处的原生态的部落，二十多年来，他从几百里以外的长沙奔波到这里，来来回回已经二百多次，有八九个春节是在瑶寨里度过的，家里存折的钱早叫他折腾光了。也许世人并不知道老后何许人，但居住在这虎形山上的六千多花瑶人却都识得这个背着相机、又矮又壮、满头花发的汉族汉子，而且没人把他当做外乡人。花瑶人还知道他们的"呜哇山歌"和"桃花刺绣"列入国家非物质文化遗产名录，老后是有功之臣，他多年收集到的大量的花瑶民歌和桃花图案派上了大用场！记得前年，老后跑到天津来找我，提着沉甸甸一书包照片。当时他从包里掏出照片的感觉极是奇异，好像忽然一团团火热而美丽的精灵往外窜。原来照片上全是花瑶。那种闪烁在山野与田间的红黄相间火辣辣的圆帽与缤纷而抢眼的衣衫，还有种种奇风异俗，都是在别的地方决见不到的。我还注意到一种神秘的"女儿箱"的照片。女儿箱是花瑶妇女收藏自己当年陪嫁的花裙的箱子，花裙则是花瑶女子做姑娘时精心绣制的，针针倾注对爱情灿烂的向往，件件华美无比。它通常秘不示人，只会给自己的人瞧。看来，老后早已是花瑶人真正的知己了。

老后问我："我拉你是不是太用力了？"

我笑道："其实我比你心还急呢。你来了多少次，我可是头一次来呵。"

这时，音乐声与歌声随着霏霏细雨，忽然从天而降。抬头望去，面前屏障似的山坡上，参天的古树下，站满了头戴火红和金黄相间的圆帽、身穿五彩花裙的花瑶女子。那种异样又神奇的感觉，真像九天仙女忽然在这里下凡了。跟着是山歌、拦门酒，又硬又香的腊肉，混在一大片笑脸中间，热烘烘冲了上来。一时，完全忘了洒在头上脸上的细雨。而此刻老后已经不在前边拉我，而是跑到我身后边推我，他不替我挡酒挡肉，反倒帮着那些花瑶女子拿酒灌我，好像他是瑶家人。

在村口，一个头缠花格布头布的老人倚树而立，这棵树至少得三个人手拉手才能抱过来。树干雄劲挺直，树冠如巨伞，树皮经雨一浇，黑亮似钢。站在树前的老人显然是在迎候我们。他在抽烟，可是雨水已经淋湿了夹在他唇缝间的半颗烟卷，烟头熄了火。我忙掏出一支烟敬他。老后对我说："这老爷子是老村长。大炼钢铁时，上边要到这儿来伐古树。老村长就召集全寨山民，每棵树前站一个人。老村长喊道：'要砍树就先砍我！'这样，成百上千年的古树便被保了下来。"

古树往往是同古村或古庙一起成长的。它是这些古村寨年龄尊贵的象征。如今这些拔地百尺的大树，益发葱茏和雄劲，好似守护着瑶乡，而这位屹立在树前的老村长不正是这些古树和古寨的守护神吗？我忙掏出打火机，给老人点燃。老人用手挡住火，表示不敢接受。我笑着对他说："您是我和老后的'师傅'呀！"

他似乎听不大懂我的话。

老后用当地的话说给他听。他笑了，接受我的"点烟"。

待入村中，渐渐天晚，该吃瑶家饭了。花瑶姑娘又来唱着歌劝酒劝吃了。她们的歌真是太好听了。听了这么好听的歌，不叫你喝酒你自己也会喝。千百年来，这些欢乐的歌就是酒的精魂。再看屋里屋外的花瑶姑娘们，全在开心地笑，没人不笑。

所有人都是参与者，没有旁观者，这便是民俗的本质。

老后更是这欢乐的激情的参与者。他又唱歌又喝酒又吃肉，唱歌的声音山响；姑娘们用筷子给他夹的一块块肉都像桃儿那么大，他从不拒绝；一时他酒兴高涨，就差跳到桌上去了。

然而，真正的高潮还是在饭后。天黑下来，小雨住了。在古树下边那块空地——实际是山间一块高高的平台上，燃起篝火，载歌载舞，这便是花瑶对来客表达热情的古老的仪式了。

亲耳听到了他们来自远古的呜哇山歌了，亲眼瞧见他们鸟飞蝶舞般的咚咚舞、"桃花裙"和"米酒甜"了，还有那天籁般的八音锣鼓。只有在这大山空阔的深谷里，在回荡着竹林气息的湿漉漉的山里，在山民有血有肉的生活中，才领略到他们文化真正的"原生态"。其他都是一种商业表演和文化作秀。人们在秋收后跳起庆丰收的舞蹈时，心中按捺不住喜悦的心情和驱邪的愿望是舞蹈的灵魂；如果把这些搬到大都市的舞台上，原发的舞蹈灵魂没了，一切的动作和表情都不过是作"丰收秀"而已，都只是自己在模仿自己。

今天有两拨人也是第一次来到花瑶的寨子里。他们不是客人，而是隆回一带草根的"文化人"。一拨人是几个来演"七江炭花舞"的老人。他们不过把吊在竹竿端头的一个铁篮子里装满火炭，便舞得火龙翻飞，漫天神奇。这种来自渔猎文明的舞蹈，天下罕见，也只有在隆回才能见到。还有一拨人，多穿绛红衣袍，神情各异，气度不凡。他们是梅山教的巫师，都是老后结交的好友。几天前老后用手机发了短信，说我要来。他们平日人在各地，此时一聚，竟有五十余人。诸师公没有施法，演示那种神灵显现而匪夷莫思的巫术，只表演一些武术和硬软气功，就已显出个个身手不凡，称得上民间的奇人或异人。

给古树保护神敬烟。

　　花瑶的篝火晚会在深夜中结束。
　　在我的兴高采烈中,老后却说:"最遗憾的是您还没看到花瑶的婚俗,见识他们'打泥巴',用泥巴把媒公从头到脚打成泥人。那种风俗太刺激了,别的任何地方也没有。"
　　我笑道:"我没看见什么,你夸什么。"
　　老后说:"我是想叫你看呀。"
　　我说:"我当然知道。你还想让天下的人都来见识见识花瑶!"
　　这话叫周围的人大笑,笑声中自然有对老后的赞美。
　　如果每一种遗产都有一个"老后"这样的人守着它多好!

手抄竹纸

随着隆回县委书记钟一凡乘车渐渐进入一片山林。湘木都像吃过激素一样，极其茂盛，车外边的树色把车厢照绿；青竹散发的清澈的气息已经充满我的肺叶。再看，四面的车窗全是画儿了。我问钟书记："你要把我带到哪儿去？"他笑了笑，不答。从他脸上的自信与得意可以读出，他一准会叫我惊喜的。就像昨天他把我导入那条名叫荷香桥的古街上。不仅许多老作坊是"活着"的，连出售的布鞋、油灯、首饰、纸笔，都是老样子，说明镇上的人还在使用这些东西。我称那条罕见的老街是"时光隧道"。这位书记怎么能把那条"破烂"的街看成了宝贝？如果在大城市里不早叫那些挂着"博士"头衔的官员们一声令下，给推土机一夜之间夷平？

马上要去的，又是一条时光隧道吗？

车子在一个小小的山口停住。不远的前边，一个新奇的场面把我吸引过去。山脚下一块平地上，几位山民在削竹皮，一棵棵刚砍下的修长而湛绿的"仔竹"，被放在三棵竹竿捆成的三脚架上，山民们手执月牙般的弯刀，削竹皮的动作老练又畅快。被刮去竹衣的竹竿露出雪白的"身躯"。不等我问，钟书记就引我去看屋外一个个方形的水池，雪白的竹竿一排排躺卧其中。我忽有所悟，便问钟书记："是不是造纸？"

钟书记眉毛一扬:"你怎么知道?"

我说:"别忘了你们的《中国木版年画集成·滩头卷》是我终审的。那卷书上有一节专门介绍滩头年画使用自造的土纸,而且说你们这里至今还保持着从砍竹、沤料、抄纸和焙纸的全部流程与技艺,我正想看看你们的手工抄纸呢。现在原原本本的手工抄纸已经非常罕见了。"

谁料我这几句话使钟书记更加得意。他引我往山上走,走不多路就钻进一间石头搭建的作坊里。这作坊正是抄纸房。十多平方米的空间里,一边是踩料凼,一边是纸槽和木榨。原始的工具粗糙和简单得不可思议。所谓踩料,无非是把石灰沤过的碎竹倒进凼中,凼中斜放着一块竹笆,山民们靠着赤脚踩住料,用力在竹笆上摩擦,将料踩成泥状。可是光着脚和快如刀刃的竹片硬磨,不是很容易把脚划破吗?

下边的工序便是抄纸。抄纸看似容易,将泥状的料置入石质的水槽里搅匀,然后用一种细竹条编织的盘子在槽里一抄再一荡,提出来,翻过来一扣,便是一张薄如蝉翼的纸坯。一张张湿漉漉的纸坯叠在一起,直至千张,使木榨轧干水分,然后送到焙屋里,揭开烘干。于是,可写可画、金色的竹纸就诞生了。我问道:"纸坯这么薄,相互不很容易粘在一起吗?"

钟书记从身旁拿了一片绿叶给我。经问方知,原是当地野生的胡淑叶,用水煮后放入纸槽中,可使纸浆润滑,抄出来的纸坯彼此绝对不粘,当地人称之为滑叶。

奇怪,这滑叶的功效当初是怎么知道的?这就不能不佩服先人、古人了!

"可是——"我又问,"木榨这么重,又使这么大劲儿,上千张纸紧紧轧在一起后,又怎么一张张揭开呢?从哪里来揭呢?"

我这问题竟然引出一则民间传说。钟书记说当地抄纸的人自古都知道一个神话传说:

一天抄纸房里人们正忙,忽然一位过路的老人进来讨茶讨烟。一个年轻人嫌这老人碍手碍脚,不给他烟和茶,轰他走,谁料这老人走后,榨好的纸成了一个大坨子。人们感到纳闷儿,怎么会忽然揭不开呢？于是开始疑惑，刚才那老人别是一位过路的神仙吧，待人家不客气，人家不高兴，施个法，纸就揭不开了呗！于是大家跑出去找那老人。找到后，让茶让烟，老人喝足茶抽足烟，站起身只说了一句话："去揭靠挨身子那个右角吧！"说罢扬长而去。经老人指点，回去一揭靠身子的右角，果然一张张纸轻易地揭开了。由此，滩头的手抄纸都是揭右下角，别的角是揭不开的。为什么呢？科学的道理没人问；这个含着尊老敬老的那个美丽的传说，却一直在坊间随同抄纸的手艺代代相传。

上边这个传说只是众多的版本之一。传说是广泛活着的生命。往往同一个故事，在不同人嘴里说出来会大不一样。可是传说中那个化身为老人的神仙，却有名有姓，叫做李佑。仙人李佑的故事个个生动有趣，并且都与造纸有关。沤料、踩料、抄纸的几个关键性诀窍也全有李仙人的影子。传说正是由于这位仙人护佑，滩头造纸踩料时从没有划破脚的事情。可这位李佑的名字又是从哪儿来的呢？不得而知。这是滩头造纸的秘密，也是它的文化。

若说滩头的造纸文化可以追溯到隋代。及至元代此地已是长江以南的造纸中心。抗日战争期间，舶来纸的运输渠道不畅，国内用纸一时皆仰手工土纸。滩头的纸作坊竟达到两千余家。如今，随着造纸的现代化和全球化，手工土纸衰落下来。中华大地上许多土纸作坊转瞬即逝，已经鲜见原真的手抄土纸了。然而，湘中这块大地的深处却奇迹般地"收藏"这种原版的古老技艺。从原材料、工艺、程序，乃至相关传说都一丝不苟、郁郁葱葱地存活着。据说明代《天工开物》中记载着南方造纸的流程与方法，竟与今天滩头这里的手工抄纸不差分毫。这不是活化石、活的历史博物馆、活的文化生命吗？

回到镇里，人们铺开这种土纸，叫我题字。金黄的土纸上边刷了一道本地峡山口的一种石粉，其色泽在瓷白中微微泛青，宛如天青，十分优雅。待锋毫触纸，如指尖触到温润的肌肤，微觉弹性，那感觉异常美妙。我开玩笑说："这纸很性感。"在写字作画时，好笔好纸都会帮忙。写在这土纸上的字，竟分外显出饱满厚重，畅而不燥，笔痕墨迹，自生韵味，使我自己也十分满意。瞧着这纸，我忽想该为这珍罕的遗产做点什么吧。我叫一声："钟书记——"。

钟书记笑嘻嘻说："我知道你想什么。我们已经开始对滩头造纸做普查。文化档案和数据库年底可以建立起来。而我们已经有了一个保护方案，一会儿向你请教。"

我笑道："你已经是专家了。"同时心想如果每个遗产都有这样一位懂文化、堪称知己的官员，我们还会焦急和发愁吗？

追寻盘王图

初遇

此事说来惭愧,初见盘王图并不是在国内,而是在异国他乡——维也纳一位奥地利朋友的家里。这位朋友是中国古代艺术的铁杆粉丝,古陶、傩面、刻石、老家具摆满里里外外几间屋;这些老东西倒是常见,但挂在墙上的一幅容貌怪异、瞠目龇牙、骑龙腾空的神像画从未见过,尤其这神仙右脚的长靴没穿在脚上,竟套在龙尾巴尖儿上。画面的色彩主要是黑墨、铅粉和浓重的朱砂,鲜艳又沉静;一种极浓烈又浑朴的乡土气息扑面而来,还有种神秘感和原始感牢牢把我攫住。我禁不住问:"这画是哪里来的?"

这位朋友说:"这是你们国家少数民族的画,哪个民族不清楚,我在北京潘家园买的。你知道是哪个民族吗?"

我摇摇头。为此,在他家整整一顿晚餐都甩不开惭愧和尴尬,还忍不住不时朝墙上那幅奇异的画瞄一眼,却觉得画中那位不知名的神仙似含讽刺地瞧着我。好像说:

"你算什么中国的文化人,连我都不认得!"

回国后我曾一度着意打听这种画的身份,由于不知其出处,中国民间美术又那么缤纷驳杂,有些艺术如荒山野岭的奇花异草,难知其名，难寻其踪。这便渐渐沉入记忆深处。直到三年后我到大理邀集当地文化学者启动"云南甲马"的普查时，在大理古城一家古玩店里忽看到一种异样的画，挂了半屋子，登时一种似曾相识的感觉，夹带着强烈的特殊的气息直冲而来。这不是我曾经在维也纳见过的那种画吗？那位右脚没穿长靴的神仙不正在其中吗？它们是云南这里少数民族的艺术吗？是呵，看它的模样就不像是中原汉民族的。

经问方知，此画出自湖南的瑶族，当地人叫"盘王图"。这古玩店的店主夫妇两人都是四川人，他们经常到湖南的瑶寨去搞这种画，所以才有这么多"盘王图"。据女店主说一般人看不懂这种画，不会买，但一个法国人倒是她多年来主要的买家。这个法国人已经收集到数百幅"盘王图"，还将这种画印了一本书。说着她拿给我一本挺厚挺重的方型画册，随手一翻，里边全是这种画——各种各样的画面和形象，全是见所未见，十分诱人。这就不能不叫人佩服欧洲人对文化的见识与行动的迅捷。往往我们刚刚发现了某一种文化，欧洲人却早来干了许多年。这些年我见得实在太多！从纳西人的《神路图》到黔东南苗寨里古老的绣服与花冠，从皖赣黔川中的傩到关外的萨满，我们的足尖尚未探入，西方人和日本人早把脚印深深地留在那里。所有积淀数百年乃至千年的珍稀的遗存，只要能移动的早已被他们席卷而去。在20世纪初，伯希和与斯坦因们曾经大规模地"发现"我们一次，在西部的遗址和废墟中搬走整车整车的中古时代的经卷与文书；近三十年他们又乘着中华大地上的开放之风再一次卷土重来，踏遍山山水水，到处淘宝与掘宝。而偏偏今天的王道士要比一百年前多得多。他们这次弄走的东西远远多于藏经洞那次。可是我们的学者们在哪儿呢？是更喜欢在书斋中坐而论道，还是害怕辛苦或无力为之？

我从法国人收集和编印的这本盘王图中还看到一些穿瑶族服装的人物以及上刀梯等场面，相信这是具有很高历史文化价值的瑶族的古代绘画。可是那天我口袋里的钱有限，和店主在价钱上说来说去，只买到两幅。画的都是那位右脚没穿靴的神仙，其中一幅画上题写着道光十四年（1834）的年号，以及信主和画工的姓名。这都是很重要的历史信息。

如果转天有时间，我一定会为这些盘王图再来，但我必须赶往剑川参加一位白族锡制工艺的传人的认定活动，不能缺席，便请大理文联的同志代我把这批盘王画全买下来。至少有六七十幅之多吧。我知道瑶族的信仰是盘古和盘瓠，民间俗称"盘王"，并向例有"祭盘王"的古俗，但从不知他们还有这种风格特异的盘王图。况且，这种画在技法上相当成熟和老练，程式性强，色彩浓烈又沉静，应是职业画工之所为。我对大理文联的同志说我一俟返回天津，马上就把钱汇来。但一周后返津才知道，那家古玩店因为在大理的生意不好，在我买画的第二天就关了门，店主已经离开大理。他们姓甚名谁，去往何处，无人能知。有人说，我这才叫擦肩而过，但也算一种幸运，总还是见了一面。我却总觉得是遗憾，甚至是很深的遗憾！

由于此次知道了这种画出于湖南瑶族，便想到去请教研究湖湘民间艺术的专家左汉中先生。谁知左汉中听罢大惊，他说他在主编《湖南民间美术全集》时，曾为寻找盘王图费大力气，但所获寥寥，后来打听到湘南江华瑶族自治县的民族事务委员会收藏了一整套盘王图。江华祭盘王的古俗极盛，很讲究挂盘王图，但如今真正的古本盘王图在江华已经十分罕见。民族事务委员会对自己收藏的这一套盘王图视作珍宝。左汉中想了很多办法才将其拍摄下来，收入画集。"你怎么会见到这么多盘王图呢？"他的惊讶鲜明地表现在他的口气中。

我便深深感到，在大理这次，一宗极珍贵的瑶文化遗存与我失之交臂了。我十分后悔当时为什么不先把这批盘王图抓在手里，再设法付钱。如果说在维也纳那次是惭愧，这一次便是愚蠢。

然而我相信，如果你真心找一件东西，那件东西一定也会在找你。我与盘王图的缘分远不会终止于此。

转一年秋天我去广西考察壮族的天琴，随后便跑到滇北一带去探访壮、苗、侗、瑶的古寨。这些地方连接贵州的黔东南，有许多原生态的古村落。黔地重峦叠嶂，山路崎岖，由那边很难进去，但从滇北却好深入。考察中翻看地图时忽然发现，那个盛行盘王图的江华瑶族自治县竟然紧挨着滇北,并与阳朔的距离不算远。我便问同来的广西的朋友:"阳朔有古玩店吗?"他们说,阳朔是旅游胜地,外国人多,古玩店自然多。我便兴奋起来,说:"待这边考察结束后,我想跑一趟阳朔。"当然,我是为寻找盘王图而去。

我知道,当今的中国,凡是一个地方有独特的文化,其遗存在当地却根本见不到——早被淘宝的古董贩子淘得干干净净,但是在周围一些交通便利的城市的古玩市场上却常常能够遇到。比如在赣西的印刷中心四堡,再也找不到一块古版,但在不远的厦门的古玩市场却能见到许多。这样的例子举不胜举。这也正是我说的那种"文化空巢"的现象之一。

随后,在阳朔老街的一家专事经营少数民族文化遗存的古玩店里,果然找到了久违的盘王图,大大小小十二件!令我惊异的是,一幅《天师像》上题写的年号竟是嘉庆八年(1803),其年代之古老可见一斑。而且这批盘王图的题材内容十分丰富,譬如《天师》、《三帝将军》、《四府神将》、《海番》(那位右脚没穿靴的神仙),乃至最具湘地巫教特色的《把坛大师》,一律全有。民族特色异常鲜明,画上边还有许多有价值的历史文化信息。我不会再犯当年在大理那样的错误,而是一网打尽买下来。回来之后,便将所有可以找到的图文资料全部汇集起来,进行研究,写了《盘王图初探》一文。事物的价值是在对它的认识中明确的。研究的成果告诉我,瑶族的盘王图是我国少数民族的一个十分珍贵又危在旦夕的文化宝藏。我想,尽管我很难比那个捷足先登的法国人见到更多的盘王图,但我已经把它列为一个专门的研究项目了。

初探

依据我收藏的各种盘王图凡十二件和江华县民族事务委员会收藏的一套盘王图凡十七件(见《湖南民间美术全集·民间绘画》),合并起来进行整体研究,所获竟然颇丰,并基本弄清此图之究竟,下边分为内容、文本、特点和价值四部分,逐一表述。

一、内容

盘王图是瑶族举行祭祀时崇拜之偶像。瑶族自古崇仰盘瓠,关于瑶族和盘瓠的传说都可以从上古元阳真人所著《山海经》中找到确切的记录。瑶族人认为盘瓠是其始祖,然而在涉及世界的源起时,盘瓠又和"开天辟地"的盘古混同一起。不管学者们怎样寻找史据证明盘瓠并非盘古,但在瑶族代代传说中,一直把盘瓠和盘古认作他们共同崇拜的祖先,并称之为盘王,还以建盘王庙、过盘王节、举行"还盘王愿"等民俗活动来敬祀盘王。"还盘王愿"缘自瑶族远古的传说,据说瑶族先民迁徙渡海时遭遇到黑风白浪,船只三个月无法靠岸,危在旦夕,便祈求盘王显灵护佑,并许下誓愿。随后,盘王果然显灵,先民得以拯救。一个以还愿与敬祖为主题的习俗便越过千年,直至今日。

盘王图是举行这些节俗时必然悬挂的神像。需要说明的是,盘王图是湘南江华瑶族自治县的称谓。兰山县称之为神轴。还有的地方称之为梅山图。这里称之为盘王图应是盛行该图的江华地区习惯的叫法。

关于盘王图的内容,其中有很大成分是道教的。道教说,三清之首元始天尊在天地初开之时,曾传授秘道给诸神,以开劫度人。他这种创世行为与盘古的开天辟地极其相似,因而元始天尊又被称做"盘古真人"。在瑶族地区,就很自然被认作他们的始祖"盘王"了。盘王图中最重要的一幅神像——盘王像,便有着道教第一神元始天尊的成分。

虽然我国各地民间信仰,多是佛道儒与地域崇拜融为一体,但在湖湘大地尤其瑶族地区,道教的影响远大于佛教的影响。在盘王图中除去盘王(也是元始天尊),其他的神像如灵宝天尊、太外、玉皇、许天师、张天师、赵公元帅、东岳大帝、丹霞大帝、四府神将、三元大帝、太上老君、龙王、十殿阎君及各种护法神将,大都是道教神仙,无一是佛门诸神。盘王图中有一幅《总圣》，看上去与中原各地常见的《全神图》几乎一样。在中原汉文化地区《全神图》中，佛道儒所有神佛，无所不包，但盘王图中的"诸神"除去盘王，其他一律为道教神仙和民间诸神。如"三清"、玉皇、三元大帝、北斗七星、南斗六星、王母娘娘、众天师、众护法元帅、十殿阎君、梅山五郎、张赵二郎、瘟使、虫皇等等。在最下边还有两排乘龙驾虎、乘骑舞刀的本地的巫师，正在将妖邪驱赶出家门。巫师也属道教范畴，这是其他地方的《全神图》所没有的，它具有鲜明的地域性。

盘王图的地域性，还表现在其他几个方面：一是在画面上常常会出现一位披发舞刀、赤裸上身的人物。这便是湖湘地区历来最盛行的巫教中施展法术的巫师（当地称做师公）。有的画面还有师公们"上刀梯"的场面。显然，盘王图要借用这些在当地极具信服力的巫教的法力，以张其威。二是画面上的世俗人物，大多穿着瑶族的服装，这种穿着的人物无疑会增加画面的亲切感，拉近了当地百姓与画中神像的关系。三是海番。海番坐骑原本是南蛇，传说南蛇脱壳后即成龙。海番因此被称做龙神，甚至被称为龙王。但盘王图中的海番与汉族的龙王形象相去千里。据瑶族文化学者张劲松先生考证，这位海番全名叫"海番张赵二郎刀山祖师"。在度戒仪式上，他骑龙而来，帮助度者上刀梯。至于他脱去右脚的靴子，套在龙尾上，是为了表示"海水奔波不溅身"。这位海番是一位湖湘南部瑶族的地方神。

在盛行"祭盘王"的湘南江华，还有一种《众神赴坛图》，它不同于一般的立轴的盘王图，而是一种手卷形式的图画，长达三米左右，其作用是把天上众神请入神坛。这属于具有独特功能的一种盘王图。

特别应该指明的是，在瑶族的始祖盘王崇拜与道教信仰之间，盘王是主体。不管它吸收了多少道教的成分，它在性质上还是自己民族的祖先崇拜而非宗教，所以在盘王图中明确地将自己的始祖盘王作为主神。

二、文本

这里先将我收集到的盘王图十二件中各方面信息列表如下:

盘王图原件一览表

编号	画名	画幅尺寸	画心尺寸	年代	内容	功德记文字	备注
1	海番	115×48cm	103×40cm	清代道光十四年(1834)	关于"海番张赵二郎刀山祖师"记载甚少。蓝山县有一传说,在张姓和赵姓两家共用的地里长一个南瓜,瓜熟裂开,从中蹦出一个娃娃,两家争说自家娃娃,后取名张赵二姓,争执方息。后来这娃娃成了海番神,神名还保持着"张赵"二姓。	信士香主赵法印合家人口,自发成(诚)心,彩绘神像四轴,入于赵氏门庭,子孙供奉为记,保又(佑)人口青(清)吉,五谷丰登。道光十四年九月一日吉旦崇宁丹青,李宗彩笔。	购自云南大理古城
2	海番	118×48cm	110×42cm	清代	同上。此画中海番右脚脱下来的靴子不像其他盘王图那样套在龙尾上,而是用剑尖挑着,海番衣服的花纹明显是瑶族的图案。画面上还有一披发挥刀、正在施法的巫师形象。		同上

续表

3	三帝将军	136×54cm	122×44cm	清代道光二十六年（1846）	三帝将军当地又称做"上元将军"，乃道教三元大帝（天官、地官、水官）的护法神。		购自广西阳朔老街
4	四府将军	136×54cm	122×44cm	同上	道教中"天、地、阳、水"四府的护卫神。下边乘骑者是这四府的"四值功曹"。中间还有一乘骑者手持牛角和尖刀，似在施法，上方还有一披发赤臂者，应是巫师。		同上
5	总圣	136×54cm	122×44cm	同上	道教诸神尽在其中。下方两排巫师，正在驱赶一恶鬼，深具本地特点。《总圣》中的神仙数目多少不一，最多可达一百零八位。		同上
6	海番	136×54cm	122×44cm	同上	同上图	信仕（士）香主×××氏男法合家人口，出（诚）心彩画神像四轴，人兴才（财）旺，五谷丰登，香门兴旺。道光二十六年丙午十一月初日吉旦。	同上
7	圣主	120×48cm	108×42cm	清代嘉庆八年（1803）	原件背面署名"圣主"。其说不一。一说盘王，一说玉皇。待考。		购自广西阳朔

续表

8	太上老君	120×48cm	108×42cm	同上	即道教三清中的道德天尊，亦老子。道教尊其为祖师，以其《道德经》为经典。太上老君手持一扇，绘有阴阳镜，象征太极分两仪。		同上
9	天师	120×48cm	108×42cm	同上	即张天师。张道陵，东汉人，道教创立者，后被神化，民间奉为降伏镇宅之保护神。	信士家冯姓合家诚心请匠到家，彩画满堂圣像共十四轴，天桥已度，保佑子孙，人丁兴旺，遗后子孙，远永（永远）流传，福有所归。丹青陈连，李肇兴笔立子（字）。嘉庆八年岁次癸亥仲夏月朔九起手望五月开光完笔。	同上
10	把坛大师	120×48cm	108×42cm	同上	掌管阳界祭祀之神。画中有本地的巫师、"上刀梯"场面、吹乐和穿瑶服的人物，都极有研究价值。		同上
11	总圣	130×50cm	110×43cm	清代	此图中道教诸神，俱在其中。下方众巫师供一牌位，上书"香门兴旺"。画面上方有"福佑民"三字。		购自广西阳朔老街

续表

| 12 | 众神赴坛图 | 20×286cm | 16×280cm | 清代 | 此为手卷形式由右至左，展示天上众神在法师们的鼓乐声中，来到神坛。护法神将乘骑挥刀，鼓师乐手皆着瑶装。其中有瑶族传说"黄斑饿虎咬邪精"的情节。 | 同上 |

在将我收藏的盘王图（下文称冯藏盘王图）与江华民族事务委员会收藏的盘王图（下文称江藏盘王图）进行比较分析和整体研究后，得出的认识如下：

1. 江藏盘王图是整套，共十七幅，原物主是一个人；冯藏盘王图十二幅，只有其中四幅（3—6）为一整套，其余皆为失群画作，其时代与原物主皆不相同，但所有神像在江藏盘王图中都有，这表明江藏盘王图是一套较为齐全和完整的盘王图。它包含着多组神像。每组三幅，一幅神像居中，左右神像相配。如《盘王》、《水府》和《地府》为一组，盘王居中，水府与地府一左一右；再如《灵宝天尊》、《玉皇》和《太外》为一组，灵宝天尊居中，玉皇和太外一左一右。此外，还有两幅一组的，多为护法神。如《四府神将》和《三帝将军》为一组，《许天师》和《张天师》为一组，都是左右相配。所谓左右，就是左幅画中人物的脸朝右，右幅画中的人物脸朝左。这样才好与主神搭配。一般是主神居中，正襟危坐，左右两幅的神仙面朝中央。

盘王图悬挂时，整体要讲究对称，每一组也要求对称。这样才能庄重肃穆，井然有序。

从现有资料看，江藏盘王图是幅数最多的了，凡十七幅。在冯藏盘王图中包含两套，幅数却各自不同。一为冯藏盘王图（3—6），画面上的"功德记"中写着"合家人口，出（诚）心彩画神像四轴"，说明这套盘王图总共只有四幅，但也是完整的一套；二为冯藏另一组盘王图（7—10），画面上的"功德记"中写着"合家诚心请匠到家，彩画满堂圣像共十四轴",表明这套盘王图原为十四幅,现只剩下四幅,属一组失群画作。但由此表明,一套盘王图的数量是不固定的,可多可少。

瑶族人祭盘王的形式有两种,一是在盘王庙或较大空间进行的公祭(一称众愿),一是在家中私祭(一称家愿)。《盘王图》在祭盘王时悬挂,要求"满堂众圣"。由于受空间限制,空间大的厅堂可挂十多幅,空间小的厅堂只能挂少数几幅。比方冯藏盘王图(3—6),就可能因为空间小而只选择了其中的四幅。然而,不管多少,其中必有一幅主神。这套盘王图的主神是《总圣》。因为《总圣》囊括了天地间所有的神仙,也包括盘王。所以在盘王图中,《总圣》又被称为"正坛",是要挂在中间的。在《总圣》之外,还要配上一左一右两幅护法神像。这套冯藏盘王图(3—6)选择的护法神是《三帝将军》和《四府神将》;此外还有一幅则是最具瑶族色彩的骑龙挂靴的海番像,可见这位海神在瑶族信仰中地位的重要。

这种按自己需要来选择神像的方式,很像河南滑县的神像画。在滑县,画工也是根据主家的需要来提供不同的神像组合。

2. 从冯藏盘王图(7—10)画面上的"功德记"里的一句话"请匠到家",可知在当地有一种以画盘王图为职业的画匠。从盘王图的画技上也能看出,这种画非常专业。特别引起我注意的是,冯藏盘王图(3—6)和江藏全套盘王图,不仅画风一致,画稿完全一样,内容细节乃至用笔技法也完全一致,甚至连功德记的词语与书法亦如出一辙。由此表明,这两套画无疑出自一个画工之手。江藏盘王图画于道光十六年,冯藏盘王图画于道光二十六年,前后相距十年,这说明一位名叫王家义的画工一直在江华一带瑶乡从事画业。这位画工使用民间惯用的粉本来作画,设色、用笔、图案都是程式化的,技法熟练并很讲究。再以江藏道光十六年(1836)的《天师》与冯藏嘉庆八年(1803)的《天师》相比较,就显然不是同一画工所作的了。两幅《天师》相距三十多年,非同一代人之所为,但彼此之间很多基本元素——构图、造型、开脸、图形和花边装饰都具有鲜明的传承性。由这些研究可以确信,盘王图在瑶族(尤其在江华)是一种历史悠久、传承有序的民间绘画，内容确定，形式独特。当然对其文化与艺术的特征还要进一步做具体分析。

三、特点

盘王图的特点极其鲜明，一望便知。倘未见过它，会立即产生异样之感。这表明它在艺术上已自成体系。

盘王图使用地方土纸，从纸的色泽（淡褐色）与柔韧性分析，应为湘地特产——手抄竹纸。关于手抄竹纸，本文"湘中三事"中有详述。

盘王图的形式为立轴，上下以草秆为天地杆。用时打开悬挂，用后卷起收藏。画幅尺寸为高一百三十厘米左右，宽四十八厘米左右。画心内缩数厘米。每套尺寸统一。

画心外的四边绘有花饰。上端以墨笔画云团三朵，粗大雄厚，内卷外旋，其他三边饰以简笔花草，此为盘王图一明显特色。

盘王图最鲜明的特色在色彩上。以浓重的朱砂为主色，神仙的衣服、背光、火焰皆用朱砂，其间杂以黑、黄、蓝、白，都是瑶族喜欢的颜色。衣纹用笔粗重，面部勾线细柔，粗细对比，很有质感。染色的方法很像木版年画，以短锋粗笔一边蘸色一边蘸水，一笔可画出浓淡，有立体感。深色的轮廓线的内侧，常用白粉复勾，不仅使形象明快醒目，也使事物厚重。由于画工是职业化的，运笔相当老到，画面生动鲜活，与庄重浓烈的色彩浑然一体，画面血肉丰足，气氛雄健传神。以此为准，在至今所见到的盘王图中，冯藏盘王图（1）应为艺术上难得的珍品。

在结构上，作为主角的神立在画的正中，非常突出，下边多有胁侍的神仙或护法神将。护法神骑在马上，表示求之即来。盘王图的画面上最常见的是两种图案，一是红色火焰，一是褐色云团。前者表示法力，后者表示神在天上，高不可攀。于是满纸云烟飞动，火焰熊熊，肃穆崇高，甚至强烈。

一套盘王图，不论多少幅，都有一幅画面上用朱砂线条勾出一长形的空白，约十厘米见方，上书题记。类似壁画中的榜书和造像上的发愿文或功德记。上边记载主人的姓名、神像的幅数以及心中的愿望；此外，还要题写画工的姓名以及该画完成与开光的日期。物主一般自称香主、信士，其家庭自称香门，愿望多是"人丁兴旺"和"五谷丰登"等，具有极强的农耕生活的色彩。这种"功德记"的形式源于寺观的"庙画"，而盘王图的艺术特色却来自其独有的民族文化了。

四、价值

盘王图的价值是多方面的。

一是历史文化价值。盘王图与其原始的崇拜和古老传说紧密相关，是其民族精神生活的重要内容和历史见证。盘王图是瑶族自己绘制出来的他们心中的祖先形象，它应是一种崇高的理想形态。再一点便是与道教及巫道文化的融合，形成了瑶人的理想天地与信仰世界。古老瑶族的宇宙观、生命观、价值观尽在其中。

二是风俗价值。盘王图是瑶族特有的节日（盘王节）与特有的民俗（还盘王愿）的主要的祭祀用品，是祭拜偶像。它悬挂于愿堂中央，在整个民俗活动中处于核心位置，也是民俗仪式中必不可少的核心载体，民俗意义至关重要。

三是艺术价值。盘王图是瑶族人绘制的神像类的绘画。它鲜明地反映瑶族人共有的审美与集体性格。在本文，已对其造型、结构、设色、画法，作了分析。可以说，如果缺少盘王图，我们对瑶族的民族文化的认识便会减少和变得有限。

然而，近二十年随着外国学者的文化考古和古董商贩的淘宝，瑶族盘王图已处于飘零失散、几近消亡的境地。尽管瑶族年年还在过盘王节，使用的盘王图已多为仿制品。失去了历史见证的文化一定会变得轻飘与表浅。这也是全国各族各地域民间文化日渐稀薄与弱化的缘故。

在本文写到这里，刚刚忽有一个朋友拿来一堆照片，说四川一商贩手里有川北傩面与戏偶上千件。其中不少当称绝世精品，其年代，上及元明。四川各地的傩戏如梓潼戏、端公戏、鬼脸壳戏等等，以及民间木偶戏如提线偶、杖头偶、掌中偶、被单戏等等，应有尽有。我相信在这些文化的家园里，已经找不到它们的身影。就像上边说的盘王图，在江华无迹可寻，可是竟然全跑到大理的古城中挤成一堆，此后再在什么地方露上一面，随即就不知被什么人弄到哪里——最终谁也看不见。

当一种文化消失了，它最后就保留在一些残存的遗物上。如果这些遗物再离开它的故乡故土，剩下的唯有虚无。但这是我们自己把自己搞成虚无的。其缘故是我们无知，或我们只是抽象地"热爱"自己的文化而已！

可是，我们能叫后人也落入这种历史和文化的虚无中吗？谁来做？怎么做？！

《盘王图·把坛大师》，清代，108cm×42cm，湖南江华。

湘西的苗画

今年跑到湘西考察，在凤凰城那天晚上，与当地文化界人士聚首而谈之中，看到几帧绘画的照片，令我耳目一新。墨黑的底色中彩绘着花卉鸟虫。既有装饰之华美，又有绘画之鲜活。中间多为花儿一束，枝叶向四边对称地舒展伸开，长长的碧草穿插其间，艳丽的禽鸟成双成对装饰左右，四角布置鲜花彩蝶。画面饱满精整，疏密有致，繁而不乱。一看便知是经过长久构造出来的老花样。它突然使我想起黔东南苗族妇女蜡染花布时"蜡绘"的花鸟，韩美林还送给我几大本"蜡绘"的稿样呢。而这里正是苗族和土家族聚居的湘西。我便问：

"这是苗族的画吗？"

当地的同志说："正是呵。"

我说我第一次见到这种画，看上去很奇特优美，也挺古老，这是什么地方的画，是装饰用的吗？

经当地的同志一讲，这画最初的用处竟然与天津进宝斋伊德元剪纸有某些近似之处。它缘自湘西苗族妇女绣花的样稿。最早苗族妇女绣花的花样也是使用剪纸。不同的是，天津进宝斋剪纸是刻纸，苗族剪纸为锉花，当地称为"锉本"。沈从文先生就曾很欣赏这种"锉本"所表达的"美好情感"。及至清代末期，一位叫王正义的精通绘画的花垣苗族人，使用白色粉浆直接画在深颜色的布上，代替了古老的"锉本"剪纸，供妇女们直接按画刺绣。这种画在布坯上的刺绣样稿，生动而富于情趣，线条流畅又具有情感，很受欢迎。可是，王正义画得实在太美了，人们不舍得用绣线把这些美丽的线条覆盖。王正义就干脆把白色的线描改成彩绘，不再刺绣，成为一种单纯的布质绘画，用于窗幔、门帘和房中装饰。很快成为苗寨中广受欢迎的民间艺术。王正义的传人为其妻弟秧初新。秧初新擅长将湘西的山花野卉、虫鸟走兽画入画中，更加惹人喜爱。于是在这一带苗区，人们都亲切地称之为"苗画"。如今那几代艺人相继去世。幸有保靖县永田河镇白河村的梁永福及梁德颂接过薪火，使得苗画仍然在山野田间花儿一般地开放着。梁永福年过七十，画艺高超，气质清雅，儿子梁德颂继承家传，而且已经专事苗画了。

当我听到年轻的梁德颂在县城里还有一间小小的工作室，便约他一见。这淳朴的苗族青年拿来几幅他画的"苗画"给我看。论其画技，已相当纯熟。用笔老到，设色也考究。虽然苗画尚不广为人知，但因其气质的特异，往往就被来湘西的有眼光的旅客买去，这便吸引一些爱画画的苗族年轻人加入进来。据说当地一个研究苗画的小小组织已开始起步了。这可是不错的事。

我就与当地的同志研究该做的事，一是要将历史文化档案细致地整理起来，二是收集各时期的苗画代表作及相关资料，三是保护和支持梁氏传人，四是扶持苗画研究工作。一定要把事情有序地做好，万不可大呼大叫"把苗画做大做强"。文化的事有其规律，而且首先要做精做细做深。倘若闹大闹乱，那些尚未查清的乡间遗存再被古董贩子抢先一步，先行"淘"去。那便既无历史，也无未来。其中最关键的事还是要保证保靖梁氏的传承。特别要注意，正在受到游客与市场青睐的苗画，切勿过度商业化。一旦把民族气质及其形态当做卖点，民间文化就会被"捧杀"。因之我讲了天津进宝斋伊德元剪纸的悲剧，希望能引以为戒。

春天最初是闻到的·第四章

灵感忽至

凌晨时分被一种莫名的不安扰醒，这不安可不是什么焦虑与担心，而是有种兴致在暗暗鼓动，缘何有此兴奋我并不知道。随后想到今天是元月元日。这一日像时间的领头羊，带着一大群时光充裕的日子找我来了。

妻子还在睡觉，房间光线不明。我披衣去到书房。平日随手堆满了书房的纸页和图书在迷离的晨色里充满了温暖和诗意。这里是我安顿灵魂的地方。我的巢不是用树枝搭起来而是用写满了字的纸和书码起来的。我从中抽出一页素纸，要为今天写些什么。待拿起笔，坐了良久，心中却一片茫然。一时人像浮在无际无涯的半空中，飘飘忽忽，空空荡荡。我便放下笔，知道此时我虽有情绪，却无灵感。

写作是靠灵感启动的。那么灵感是什么，它在哪里，它怎么到来？不知道。似乎它想来就来，不请自来，但有时求也不来，甚至很久也不露一面，好似远在天外，冷漠又悭吝；没有灵感的艺术家心如荒漠，几近呆滞。我起身打开音乐。我从不在没有心灵欲望时还赖在桌前。如果毫无灵感地坐在这里，会渐渐感觉自己江郎才尽，那就太可怕了。

音响里散放出的歌是前几年从俄罗斯带回来的，一位当下正红的女歌手的作品集。俄罗斯最时尚的歌曲的骨子里也还是他们固有的气质，浑厚而忧伤。忧伤的音乐最容易进入心底，撩动起过往的岁月积存在那里的抹不去的情感。很快，我就陷入这种情绪里。这时，忽见画案那边有一块金黄色的光。它很小，静谧，神秘；它是初升的太阳照在对面大楼的玻璃幕墙反射下来，落在画案那边什么地方。此刻书房内的夜色还未褪尽，在灰蒙蒙、晦暗的氤氲里，这块光像一扇远远亮着灯的小窗。也许受到那忧伤歌声的感染，这块光使我想起四十年间蛰居市廛中那间小屋，还有炒锅里的菜叶、破烂的家什、混合在寒冷的空气中烧煤的气味、妻子无奈的眼神……然而在那冰天雪地时代，唯有家里的灯光才是最温暖的。于是此刻这块小小的光亮变得温情了。我不禁走到画案前铺上宣纸，拿起颤动的笔蘸着黄色和一点点朱红，将这扇明亮的小窗子抹在纸上。随即是那扰着风雪的低矮的小屋。一大片被冷风摇曳着的老槐树在屋顶上空横斜万状，说不清那些苍劲的枝桠是在抗争还是兀自地挣扎。在通幅重重叠叠黑影的对比下，我这亮灯的小屋反倒显得更加温馨与安全。我说过，家是世界上最不必设防的地方。

记得有一年，特大的雪下了一夜，我的矮屋门槛太低，早晨推不开门，门外挡着的积雪足足有两尺厚。我从这小窗户跳出去，用木板推开门外的雪才把门打开。当时我们从家里走出，站在清冽的冻耳朵的空气里，多么像雪后从洞里钻出来的野兔……于是我把矮屋前大块没有落墨的纸当做白雪。我用淡淡的水墨渲染地上厚厚而柔软的白雪时，还得记起那时常有的一种盼望——有朋友来串门和敲门。支撑我们走过困境与苦难不是人间种种情与义吗？我便用笔在雪地上点出一串深深的脚窝渐渐通进我的小屋。这小屋的灯光顿时更亮，黄色的光影还透射到窗外的雪地上。

没想到，就这样一幅画出来了。温情又伤感，孤寂又温馨。画中的一切都是我心底的景象。我写过这样一句话："人为了看见自己的内心才画画。"而心中的画多半是它们自己冒出来的。这是一种长久的日积月累，等待着有朝一日的升华；就像冬日大地上的万物，等待着春风吹来，一切复活；又如高高一堆干枝干柴，等待着一个飞来的火种。这意外出现的火种就是灵感。

灵感带来突然之间的发现、突破、超越与升腾。它是上天的赐予。是上天对艺术家的心灵之吻。是对一切生命创造的发端与启动。那么我们只有束手等待它吗？当然不是。正如无上的爱总是属于对它苦苦的追求者的。在你找它时，它一定也在找你。当然它不一定在你规定的时间和地点到来。就像我在书房原本是想写点什么，灵感没有来，可是谁料它竟然化做一块灵性的光降临到我的画案上？它没有进入我的钢笔，却钻进我的毛笔。

记得前些年访问挪威时，中国作协请我写一幅字赠送给挪威作家协会。我只写了两个字：笔顺。挪威的作家朋友不明其意。我解释道："这是中国古代文人间相互的祝词。笔顺就是写作思路顺畅，没有障碍的意思。"对方想了想，点点头，似乎还没弄明白我写这两个字的含义。中国的文字和文化真是很深，对外交流时首先要把自己解释明白。我又换了一种说法解释道："就是祝你们写作时常常有灵感。"他听了马上咧开嘴，很高兴地谢谢我，也祝我常有灵感。看来灵感对于全球的艺术家都是"救世主"了。

新年初至，灵感即降临我的书房画室，这于我可是个好兆头。当然我明白，只要我守住自己的信仰与追求及其所爱，灵感会不时来吻一吻我的脑门。

作画

  今日早起，神清目朗，心中明亮，绝无一丝冗杂，唯有晨光中小鸟的影子在桌案上轻灵而无声地跳动，于是生出画画的心情。这便将案头的青花笔洗换上清水，取两只宋人白釉小盏，每盏放入姜思序堂特制的轻胶色料十余片，一为花青，一为赭石，使温水浸泡；色沉水底，渐显色泽。跟着，铺展六尺白宣于画案上，以两段实心古竹为镇尺，压住两端。纸是老纸，细润如绸，白晃晃如蒙罩一片月光，只待我来纵情挥洒。

  此刻，一边开砚磨墨，一边放一支老柴的钢琴曲。不觉之间，墨的幽香便与略带伤感的乐声融为一体。牵我情思，迷我心魂。恍恍惚惚，一座大山横在面前。这山极是雄美，却又令人绝望。它峰高千丈，不见其顶，巅头全都插入云端。而山体皆陡壁，直上直下，石面光滑，寸草不生，这样的大山谁能登临？连苍鹰也无法飞越！可它不正是我执意要攀登的那种高山吗？

  这时，我忽然看见极高极高的绝壁上，竟有一株松树。因远而小，小却精神。躯干挺直，有如钢枪铁杵，钉在坚石之上；枝叶横伸，宛似张臂开怀，立于烟云之中。这兀自一株孤松，怎么能在如此绝境中安身立命，又这般从容？这绝壁上的孤松不是在傲视我，挑战我，呼唤我吗？

作画。

　　不觉间，画兴如风而至，散锋大笔，连墨带水，夹裹着花青赭石，一并奔突纸上。立扫数笔，万山峥嵘；横抹一片，云烟弥漫。行笔用墨之时，将心中对大山的崇仰与敬畏全都倾注其中。没有着意的刻画与经营，也没有片刻的迟疑与停顿，只有抖动笔杆碰撞笔洗与色盏的叮叮当当之声。这是画人独有的音乐。随同这音乐不期而至的是神来之笔和满纸的灵气。待到大山写成，便在危崖绝壁处，以狼毫焦墨去画一株松树——这正是动笔之前的幻境中出现的那棵孤松。于是，将无尽的苍劲的意味运至笔端，以抒写其孤傲不群之态，张扬其大勇和无畏之姿。画完撂笔一看，哪有什么松树，分明一个人站在半山之上，头顶云雾，下临深谷。于是我满心涌动的豪气，俱在画中了。这样的作画不比写一篇文章更加痛快淋漓？

　　有人问我，为什么有时会停了写作的笔，画起画来。是消遣吗？休闲吗？自娱吗？

　　我笑而不答，然我心自知。

落日最辉煌

一天的阳光中，我最喜欢落日时分。

太阳在它将要落入地平线那一刻，忽然变得很大，很近，很亮，却不刺目。此刻的"夕照"，更像是一种强大的橘色的灯光，贴将地面，照射在景物上。凡是被它照耀的景物，全都通红和夺目，仿佛燃烧起来。然而这辉煌只是一瞬间的景象。落日的速度是能看出来的。这灿烂的景色转瞬即逝。我们怕它失去，却又无奈。很快，太阳不可抗拒地沉下去了，并且随手关上那盏"巨大的灯"——大地顿时一片晦涩。

乘载着时间的事物一刻也不能停留。但艺术中的事物却能永久地保存下来。比如莫奈的日出和米叶的黄昏。所以，艺术家的工作是把最美留住，将瞬间化为永恒。由此说艺术的终极追求是永恒。放弃对永恒的追求就是放弃艺术。

月下

我常常把两本书放在床头。一是沈复的《浮生六记》,一是屠格涅夫的《猎人笔记》。睡觉前拿书在手,随便翻开一页,在床前台灯柔和的光辉里读上一段两段,甚至几句,白日里落在心头的种种尘埃便被一扫而空。脑袋里全是被书中充满灵气的文字唤起的画面。在俄罗斯,我曾驱车在屠格涅夫的庄园斯巴斯科依周围的原野上放开速度地奔跑。那里正是《猎人笔记》细致地描写过的大自然。无论是清晨寒气袭人的森林,还是月光下的哀伤的草原……我常常在这样的如诗如画的感受中入睡。这感觉真是其美无比。

一天,沈复的两句话叫我神魂荡漾。这两句是"风生竹院,月上蕉窗"。我由此想出一副对联"风生竹院声似雨,月上蕉窗影如云"。于是入睡后,整整一夜的梦境全是闪闪发亮的月光。醒来后一提笔,笔上也有这种月光,于是这幅画就诞生了。

唱秋

又是秋天，又感受到秋天。秋之丰满、富足、斑驳与和谐，这些都是秋之美。在经过了整个夏天拼命的臌胀和竞争之后，终于进入了生命的另一阶段，另一境界 —— 松弛、自足、随意、平静。不再争奇斗艳，不再寸土必争，不再鼓噪和张扬。回过头去看看，夏日里那些苦斗最终不过是一场徒劳的闹剧罢了！为此，这里没有任何紧绷绷之处，哪怕是一根线条。全然一片舒展、平和、自如、潇洒。我画过不少急流险滩，此刻该为秋天好好唱一唱了。

春风又吹绿枝条

风本无形,形之于物。同时风又依靠物形而表现自己一时的性情。最容易被风拿来自我表现的事物有两种:一是水,一是柳。

风微波细,风紧浪急;风和水无痕,风怒涛拍天。

风轻柳柔,风劲柳斜;风停柳丝垂,风狂柳似疯。

但是,水的线条是画家提炼出来的;柳的线条却是柳枝的本身。故此,中国人画柳,实际上是画风。用长长的柳条表达风的形与神,同时也表现线条自身的美与笔的功力。

思绪如烟

谢赫《六法》中为首一条便是"气韵生动"。何谓气韵,古来说法不一。有神气、生气、气力、情韵等等,莫衷一是。

北宋郭若虚在《图画见闻志》中说,气韵生动是画家"生而知之",甚至是不可学的。有人认为这故弄玄虚,唯心主义。

以我之见,郭若虚的话有道理。气韵就是一种生命感。也就是画中的一切都要有生命感。唯有生命,才能真正的生动。

进而言之,人们常说画面要有"空间感"。我以为,空间感不难表现,在技术上就可以解决,在透视上也可以解决;但"空气感"很难画出来。它更重要。画面要有一种空气的感觉。空气是空间的生命。这空气感不就是一种生命感吗?

空气感是可以学的吗?有技法可以解决的吗?不是。但很多画由于没有空气感,而缺乏生命的真实感。

画生之于心,"唯心"自有道理。

《思绪的层次》 89cm×96cm 1991年

雨之光

　　我不止一次被山雨中出现的一种光迷住。在雨中山谷，它混在云里雾中，幽幽闪光，轻轻飘动。很美，很静，也很神秘。这光是哪里来的？没有阳光的照耀，云彩不会发光。这是飘动着的亮晶晶的雨造成的幻象吗？我说不明白。

　　艺术不是科学，从来不解释生活，只描述生活及其感受。画前这棵浓墨的小树是这幅的"眼"。我用它对比雨之光的明洁；同时喻示雨光的流动感。如果没有这棵树，这幅画全无神气。有人问我，这棵树是你观察得来的吗？我笑道，我从来不只用眼睛观察世界，而用心感受世界。我的画没有一幅是用眼睛得来的，全都生之于心。

初照

展子虔《游春图》中给我最大的启示是远山上那些树丛，一撮一撮，散落在山坡上。有人说，这一撮撮树后来就演变为"苔点"了。中国画家用苔点来表现山野这些纷乱而杂生的树丛，以及草木与乱石。既概括，生动，又具形式美。苔点是中国画的一种创造。既是语言上的独创，也是形式感上的独创。

苔点可以使画面繁简有致，远近分明，打破单调，富于节奏。这种苔点——点，加上线条——线，还有晕染的墨——面，使绘画最基本的形式元素——点、线、面齐备，任由画家随其性情变化无穷。同时，不同的苔点还使画面具有不同的质感。王蒙的"苍而毛"苔点使其画面极尽苍劲之美；沈周"大而方"的苔点强化了他个性的厚重与端庄；石涛的苔点干脆是他的一种性情。他的苔点满纸挥洒，

《照透生命》 68cm×68cm 1994年

处处都是一时情之所致。每个苔点都是一种主观的神气。

在我的画中,鸟是我的一种神气。首先它身处的位置很重要,决定着画面的意境。如果将鸟放在画面另一地方——或放在枝头高处,或藏在密草深处,其情其境全然不同。

还有,鸟在我的画里,不再是鸟,而是我的一种化身,一种依托。在我的画中鸟常常不是具体的,只有一种神态和神气。所以,它只剩下一个黑黑的鸟影子。我的鸟是我画上的一种"苔点"。

河湾的记忆

记忆中的这个河湾,是我少年时常常去钓鱼的地方。它太普通了。S形的河道,两边的土岸和缓坡生满了青草,如同铺了绿毡;夹峙这长长的小河的是上了年纪却依然健旺的老柳树。一束束长长的柳条浸入河面,被一些小浮鱼嬉弄着。

我和伙伴们在这里择地而钓。钓鱼是一种心怀幻想的娱乐,我们又处在满脑袋充满想象又好动的年龄,这便总也找不到鱼儿们聚集的地方。它们好像故意躲着我们,我们只是在撞上大运时才钓到一条两条。但常常是几个小时过去,露在水面的水漂儿纹丝不动。我真怀疑这河湾的鱼儿们集体迁移或者全部隐蔽起来。可是在人家孙老头那里却全然两样——

孙老头在一家工具厂做钳工。上中班,每天下午三点钟下班,骑车到这里,把车子往老树上一倚,一手提着鱼篓,一手拿着一根细竹竿,坐下来垂钩便钓,一坐就是两个小时,一声不吭,也不换地方,只是隔不久抽一支烟。我们来了整整一天,到了太阳快落时,收获最多七八条。但是他在夕阳中提起鱼篓时,里边噼里啪啦,竟是沉甸甸满满一篓。我每次问他有何妙法,用什么灵丹妙药,他都笑而不答。一次,他终于告诉我,只是简简单单的一句:"你坐不住嘛!"

这话叫我受用了快一辈子。

秋天的情味

中国画讲究笔墨。所谓笔墨,即用笔和用墨,唯独没有谈到用水。其实画案上的一盆清水才是至关重要的。没有水,墨仅一色——漆黑如夜;有了水,水入墨,墨分五色,十彩,千变万化。水使漆黑的墨变活了,水是墨的生命。

元代以前的山水画多为绢本。绢不吸水,只能融解墨色。画家便用浓淡不同的墨色极尽景物的层次、辽远与空灵。元代以后改用宣纸。宣纸吸墨,纸面不仅可以显现墨色无限的精妙变化,还能保存水的湿度。到了龚半千、石涛、石谿等人笔下,就将这水的潮湿气息变化为一种湿漉漉的山林气了。

究竟用何种方法,使画面永远保持这种潮湿的山林之气,古画论里不曾说过。其缘故是古画论中只有"用墨之法",没有"用水之法"。这究竟是由于古人的疏漏,还是用水之法过于玄妙,只能意会而不能言传?

从容看万条

那一年，陡然陷入困境。已然清晰的目标变得模糊，心中的困惑苦无答案，自信成为自疑；周围一些面孔像川剧舞台上的"变脸"。我坠入一个缭乱不堪的黑洞里。记得当时写过一首诗：

丁卯坐无定，心中缭乱多，
往事杂入梦，前程忽蹉跎；
笔中虽有墨，向纸何从落，
举首对中天，孤孤云一朵。

一日，有些画兴，磨墨展纸，捉笔在手，想用满树交错的寒枝来表达自己的心境。但是，这些树枝是要一条条地来画的。于是，在画每一条树枝时，都像把缠绕在心里的一条线索抽出来，清清楚楚地画在纸上。这时，我明白了，原来每一条线都有它的来由，过程，转折，都是必然的和有根有据的；那些看似突变和不可理解的，其实又是合乎道理的……等待我把这一树寒枝画过，竟然不再缭乱，

《冬日的诗》　54cm×78cm　2007年

而是一派有条不紊的景象，我的心境便转乱为静，化为一片平和疏朗。于是我在画面的下边添上一只小船，船首立一人持桨仰望，并题曰：

　　枝乱我不乱，从容看万条。

作画竟能给自己以哲理的启示。

高江急峡

甲申秋日,我在京津两地举办公益画展。津展在先,京展在后,谁料在津展览一日已卖去大半。由于担心京展无画可卖,便从自藏的画作中拿出两幅。一幅是《树之光》,一幅是这幅《高江急峡》。我真实的心理是希望这两幅画千万别卖掉。

其缘故是我无法再画出这样的画来。

我很少重复自己的画。绘画是一时的心境。人不会有相同的心境,尤其是审美心境;所以愈是准确地表达出一时特定心境的画作,愈是难以重复。你能重复第一次说"我爱你"那种几乎窒息的感觉吗?当然不能,永远不能。至于这两幅画的起因,我已经记不清了。从画面看我却知道,在画《树之光》时我一定需要一种夺目的强光,在《高江急峡》中我肯定渴望一种在迷茫和凶险中的搏斗。还有一点很重要,就是在技术上如何表达这些感受的难题我解决了。比如画这种强光的方法,还有那些迷蒙、纷飞和充满灵性的水雾。技术效果的偶然性也是不能重复的,而偶然性就是绘画艺术的本质之一。这便是我多年来一直珍藏自己这两幅画的缘故。

但在中国现代文学馆的展览馆中,刚刚将这幅画挂出来,就被一位藏家重金买去。这使我的民间文化抢救多了一大笔资金,却使我艺术的心灵失却了一块,无以补偿。我请摄影家帮我把这幅画拍摄下来,聊以自慰。

吻

世上最伟大和震撼人心的吻是天空亲吻大地。你一定会说，天空怎么能亲吻大地？

那次考察丝绸之路，车子穿行贺兰山时，我看到了一个惊人的景象。天空正低下身子，俯着脸，用它的嘴唇——厚厚的柔软的云朝一座大山亲吻下来。这一瞬，我发现天空那布满云彩的脸温柔之极，脸上松垂的肉散布着一种倾慕之情。大地被感动了。它朝着天空撅起嘴唇——高高翘起的峰顶。我感到大地的嘴唇在发抖。刹时，如烟一般的乌云把山顶弥漫，激情地翻滚，天之唇和地之唇深深地亲吻起来。而天地之吻竟是如此壮观、如此真切、如此辽阔，在这发狂而无声的纠缠中可以看见乌云被嶙峋的山石拉扯成一条一条，可以看见山巅的小树在疾风中猛烈地摇曳，所有树干都弯成一张张弓。这才是真正的惊天动地的吻。

随即，天空抬起脸来。云彩急速地飞升上去，向前奔驰。奇怪的是，黑黑的乌云一点也没有了，全都变得雪白，薄的如白纱，厚的闪着银绸般的光亮。再看，真令我惊讶，眼前这片被天空亲吻过的山野也发生了神奇的变化。所有景物的颜色都变得分外的鲜艳，非常美丽。尤其是一束阳光穿过云层射下来，刚刚被雨云深深浸濡过的地方，湿漉漉发着光亮。山石带着红晕，草木碧绿如洗，各色的野花如同千千万万细碎的宝石,璀璨夺目,生气盈盈;它所有的生命力都被焕发出来了。

这天地之吻竟有如此的力量。吻,能够创造如此的奇观吗?如果是,那么就要珍惜每一个吻,因为一个真正的心灵之吻,会要改变自己和别人的一切。

山居

我的画的一半是避世的。

我说过:"艺术,对于社会人生是一种责任方式,对于自身是一种深刻的生命方式。我为文,更多追求前者;我作画,更多尽其后者。"

我镇日在世间为一种社会理想和责任苦斗。征尘满身,蓬头垢面,在坎坎坷坷中磕磕绊绊,甚至频受伤害。我渴望宁静,不设防,放松身心,一任自由。我在心中为自己构造这样一个又一个向往中的栖息之所。有时很想看见这个不存在的地方,便画在画上。

在这幅画中,我把它放在山林深处,很远,很远,手机也打不进来,与俗世毫无关联。前边还有溪水相隔,树木层层遮掩。我不再被打扰,很安全,很自在。

艺术是一种审美化的理想。

也许有人说,还有一种艺术是描写丑的,但是一种残酷的真实,没有理想。那么我说,如果一位艺术家描述的全部是现实中的丑,他一定充满对丑的憎恶。他对美的渴望反而更加鲜明。丑和美是一张纸的两面。不过有人把美放在背面罢了。

故乡

1991年春天,我陪母亲,并携妻儿,赴老家宁波举办"敬乡画展"。我父亲年轻时离家来津务商,创办实业,此后再没回家省亲。我就更不知故乡是何模样了。然而血液中却有一份情意,与遥远又陌生的家乡依依相牵。1989年父亲辞世后,心中生出回乡探亲的愿望。一是为了安慰母亲,二是寻找父亲旧日的踪迹,扯住远去的父亲的衣袂。

在父亲出生的故地慈城,寻寻觅觅,居然找到了不少往日的遗痕。譬如父亲出生的老屋,爷爷坐过的椅子,老井、古瓮以及爬满青苔的雕砖的高墙。我还在父亲儿时玩耍的院子里取出两杯泥土,回来在为父亲迁坟时,将其中一杯与父亲骨灰合葬,另一杯放置在我的书架上。

更重要的是与本族老老少少都见了面,由此始知过去不曾知道的事情,大到整个家族的变迁,小至一砖一瓦一点遗物;远至唐宋时代的列宗列祖,近及我的晚辈,全都热烘烘向我拥来。

一天,一位族人名叫冯一敏,请我到她家看她珍藏的家谱和几幅先祖神像。这几幅神像是明代之物,上有题跋,写着我先祖的姓名。大家都说我的模样,酷似先辈。一下子使我感到自己身后的背景竟如此深远与厚重!我将神像拍照下来,留做纪念。明代没有照相,这便是真实的影像了,而且从绘画角度看,皆是五百年前肖像画的精品。

谁料第二天,冯一敏女士竟带着女儿到我下榻于市内的旅店来

《粉墙》　　34 cm×59 cm　　2008年

访,并捧来这几幅神像,外边包了红纸,竟然要送给我这个冯氏后人。我惊喜又感动,我怎么能接受如此珍贵的馈赠?我回赠给她自己的一幅画做纪念,仍觉受之有愧。但从此每逢过年,都要把这几幅先祖神像悬挂于壁,烧香磕头,表达对代代先人的虔敬与缅怀。

　　那次从宁波归来,感触万千。个中最奇异者,便是觉得宁波也是我的出生地了。我的一切一切分明都源自那里。于是,每每见到那里的图像与消息,都百倍亲切;倘一时见不到,亦会诗之画之思之想之。我画过一幅《雨竹图》,上边题过一首诗,曰:

　　　　疏疏密密雨,
　　　　轻轻重重声,
　　　　浓浓淡淡意,
　　　　深深浅浅情,
　　　　远远近近事,
　　　　都在此幅中。

　　那幅《雨竹图》早已送给我家乡的一位族兄。但这诗却同样在这幅《故乡》中。

如诗似画是江南

一次，南方一家刊物痛感江南水乡正在遭遇灭绝性的破坏，拟对水乡的价值做一次研讨，借以发出保护的呼吁。这家刊物来电约我参加，并说约请的人员皆为建筑、规划、文化方面资深的学者。我说，你们应该请两位画家。因为，江南水乡对中国建筑文化最大贡献是具有画意。

江南水乡表现人们与自然的高度和谐以及这种和谐美。河水弯弯曲曲穿过水村，夹峙两边的小屋错落有致，各类花树穿插掩映，石砌的拱桥连通左右。一代代江南人就在此间生活。这不是中国民居创造的奇迹吗？它比威尼斯和阿姆斯特丹逊色吗？

是李可染、宋文治、吴冠中等创造了那些优美的江南水乡的图画，还是由江南水乡美创造了这些画家？

可是去年在上海，一文友说，有一位台湾的商人买了一个水乡叫莲塘，说要请我去，帮他出出主意，看看怎么开发。我去一看，真美！如同姣好女人，养在深闺无人识，由于长久地不知怎样养育自己，有些败落；再一听这位台商马上要动手改造水乡的宏图大略，变水乡为商村，心想：完了——这个如诗如画的江南水乡！因之回来之后便画了这幅画，为它留下一张遗照。

天书

　　树木只有它生命的法则和规律，没有固定的形态。生命是活的。生命的本质是渴望自由。它常常表现得随心所欲。画树时的快感就是信由它的自由自在。其实，大自然的所有的事物都是如此，比如山、水、云，也都随心所欲。换句话说，只要作画时真正进入这种自由，一任自然，笔下所画的，一定富于生命。

　　中国画发展到了明清，一切事物皆有定式和定法。于是没有生命，只有躯壳。模式化曾经几乎致死于中国画。一部《芥子园画传》，几乎断送了中国画的性命。它背弃了"外师造化，中发心源"的传统。把绘画的生命抽空，将笔墨变为技术性的套路。使绘画变得僵死、拘束、发呆。石涛和八大山人画的进步意义，便是重新从生命出发，让生命随心所欲，表现其无穷的魅力。绘画回到它最初诞生时的原点。

秋之韵律

甲申这年，我身陷困顿。我倡导的"民间文化普查与抢救"把我自己逼入绝境。被我发动和感动而纵入田野的进行文化考察的"三军"，在"零经费"的处境中寸步难行。我决定以义卖画作的方式自救。这幅画是其中一幅。

奇怪的是此次为义卖而作的画全是明亮鲜朗，没有一幅忧郁伤感，乃至悲观失望。尤其是这幅《秋之韵律》。当时我事业的前程一片模糊而窒息，怎么会有这般彩色的韵律在我心中流淌？

我记不住当时创作此画的具体想法。我只好去猜：这或许是一种自慰，或许是为自己鼓劲壮威，或许是一种理想化的表达，或许真的是一种坚定的自信。反正它是我当时心态的流露。我不自觉地把它画在画上。

绘画首先是自己心灵之需。无论是自我的抚慰还是自我的激励。

雪夜

我喜欢夜半更深,大雪繁密。白白的雪花从漆黑而无穷的天空中源源不绝地落下。大雪再密再紧也是静的。似乎雪愈大,人间愈静。静到极处,只有雪花落地时细微的嚓嚓声。尤其是在这入夜的人间。人间的静,大自然的动;深夜的黑,雪花的白,构成一种独特的美的境界。

在这种景象中,我更喜欢这些被大雪封锁在岸边的小船里的灯光,还有远处大树遮翳中的灯光。雪夜里的灯光朦胧却分外温暖。有灯光,就有人家,有炉火,有热茶,有亲情,有生活的情味——有了这些,就不再惧怕漫天的冰雪与世间的严寒。此时,人间的气息便分外迷人。

当我用笔尖蘸着黄色的汁水点在黑蒙蒙的树间,笔尖一触纸面,金黄的水色渗开,就如同一盏灯点亮,一个人家显现出来。它在远处的风雪里,叫人浮想联翩,心驰神往……我更喜欢的是这样的作画过程。

《旧街》　27cm×35cm　1971年

梦想

梦想与理想不同。理想是有社会目标的，要通过努力、付出乃至苦斗，争得最终的实现。梦想没有目标，只是一种朦胧的向往，不是去求索，不需要以现实为依托，也不一定要实现，而是期待它的出现罢了。

理想与梦想伴随着人的一生。它们常常轮流地折磨着我们。我们为理想流汗流血，最终不一定看到成果；我们为梦想心驰神往，多半只是空望。但没有理想和梦想的人生才是真正空虚的。它只是天天设法喂饱自己而已，生命没有任何意义，干瘪和有限。

人生的快乐是沉浸在理想的境界里，并时时有梦想伴随。理想是主旋律，梦想是它的和弦。

于是就有了这幅画中的一团光。光团之中还有一只梦想的鸟儿飞来。这鸟儿是梦想的伴侣吗？不去管它。反正梦想都是一种幸福的期待。

在画中，我之所以用"留白"的方式来画阳光。因为最亮的地方是什么也看不见的。

柔情

柔情万种之中，我喜欢这种激荡的柔情，或称温柔的激情。唤发我如是感受的是风中的苇花。在大风扰动中翻转的苇花，散发着多么强烈的温柔。

我偏爱这种野花。大概因为它是大地入冬前最后一种花了。它没有娇美的讨人欢喜的容颜，没有任何诱人的香味；也许它太粗太野，太不起眼，所以从来不曾有诗人讴歌过它，它也很少入画，甚至从不入世。它只在荒郊野外，白茫茫地自生自灭。它只是大地一种无奈的白发吗？然而，它却摇曳着毛茸茸、看似柔弱的花穗，由晚秋到严冬，任凭寒风的撕扯。它自己绝不凋落！这普普通通的野花竟是这般坚忍和执著，反过来又给枯索的大地带来如此辽阔的柔情。

于是我努力使这幅画苍凉、伤感、强坚和无尽的温柔。

《柔情》 120cm×123cm 1991年

细雨无声

江南的柔和、清新、灵透和缠绵在哪里？在那些古往今来才子们的诗文里，在越剧和苏州评弹间，更在那无声的毛毛细雨中。那一次在乌镇，赶上濛濛小雨，雨小得几乎看不见雨滴，没有雨声，静得出奇，却如烟一般笼罩着人间的一切；一扬脸，脸颊却好似贴上凉滋滋的丝绒，那感觉既惬意又奇异。

怎么画这种雨，我一直没想好。

这次忽有"技术灵感"，把纸刷湿，羊毫大笔有墨有水一上去，水墨洇开，雨里的屋顶立时可见。天助我也，这一块块水墨，分明是一片片雨湿的乌黑的屋顶。它们不是在水淋淋的纸上，而是在细密的雨中了。同时，种种来自人间的柔情也融合其中。

技术永远是无限的。有限的是我们的技术手段与技术能力。但是开发技术不是职业欲望，而是一种强烈的心灵欲望。

雪地上的阳光

画过《树后边是太阳》之后，总想再画几张雪地上的阳光与树影，但苦于没有激情，没有意外的触动和心血来潮，无法动笔。

20世纪90年代中期从波士顿演讲返回西部时，应美国汉学家葛浩文先生的邀请途经科罗拉多州停一下，在丹佛大学做一次文学讲演。

晚上飞机抵达丹佛，葛浩文冒着大雪来接站，夜宿丹佛大学一座小巧的宾馆里。整夜无风，躺在床上可以清晰地听到窗外雪花落地的"嚓嚓"声。难道落雪声音也可以听到吗？究竟多大的雪花可以听到声音。扇子那么大的雪花吗？

清晨起来走出宾馆，被大学校园的景色惊呆。遍地银白的雪，反衬天色益觉深蓝。中间是土红色石头砌的校舍。大概这里经常落雪，屋顶斜度很大。地上许多早开的肥大的黄花不愿被大雪覆盖，已经顶着很厚的白雪，露出金黄的脸儿。我踏着雪走一会儿，感觉雪地上的阳光很凉，没有一点暖意，却异样的清澈而明亮，照得眼上发疼。而

《树后边是太阳》 68 cm × 104 cm　1991年

这中间到处是美丽的树影。它们在起伏不平的雪地上轻快地跳跃着，好像滑雪运动员滑过的线条，表现着生命的生气。

　　这感觉一直没忘。画家的记忆是感觉的记忆，作家的记忆是细节的记忆。所以我很容易就把十年前的那种感觉——又亮又冷的阳光和跳跃的树影画出来。

　　我画树枝，充分使用当年从郭熙那里学来的本领。由于画中的意境是我自己的，故而相信没人认为这像一幅老画。

低烟

今天精饱神足，未动文思，也未启画兴。却有一种灵感，如光如烟，在脑袋里闪动不已，而且飘忽不定。我打开音乐，闭上眼享受这种莫名的感觉上的"神来之笔"。忽然出现的就是这个画面。一片软软的炊烟从烟囱冒出来，本来应该升腾和散布开来，由于天阴雾重，把这片流动的烟轻轻压在水乡屋宇之间。它的灵动与轻软，可供我细细咀嚼。

然而，动笔一画，水墨落纸，却是另一番景象。正如板桥所言，所谓"心中之竹"不是"手中之竹"，更不是"心中之竹"。因而最适然的作画并不是刻意追摹既定的构想，不达目的势不罢休，而是一任笔墨之偶然，随机生发，只要最终心中的奇妙之感跑到纸上，便是作画至高的境界了。

林边小屋

　　幽暗的光线，混沌的老树林，些许的夕照和喧噪的昏鸦……到底为什么画这幅画，我已经不记得了。我相信这来自片刻间心头的惆怅，惆怅由何而来？也忘了。也许受到某些触动，也许源自于一种莫名。

　　反正当时在这幅画中我不让任何东西清晰出来。哪怕是木屋里透出的灯火和左角上反光的水。全是混混沌沌模模糊糊迷迷濛濛。只有我心里是明白的——我要一种含糊的忧伤美，还有一点点沉郁感。

　　用水墨大笔画这些大树，充满偶然和意外。如何把水墨效果控制得恰到好处需要对纸和水墨性能的熟悉。而湿笔最忌臃肿而缺乏骨力，我尽力在行笔中透入腕力，只要行笔时有骨力或骨气，就不顾及它洇开后成什么样子了。

极顶

我要在这幅小画里,表达我对极顶的崇拜。

我曾在一张拍摄于泰山石阶上的照片上写着:一生都在登峰。以此表达我的人生观和价值观。

我还写过一篇《登十八盘记》。我写道,人在千折百回、历尽艰辛的盘山道上,背痹腿乏,弯腰喘息,心中最辉煌的想象仍在高高的极顶之上。

我喜欢把重负压在自己肩上;我给自己的使命大多力所不能及;我把自己用到极限。但是我仍然没有感受到立在极顶上的那种境界。因为我是个理想主义者。

理想主义者一生都在登攀,并且可能一切都是徒劳。但是理想主义的所有快乐都在攀登的路途中。

月光曲

最理想主义的画面，往往都是被现实逼出来的。

画这《月光曲》的那一天，先是上午开会，会议内容是排难解纷，解决一些棘手的事；到了中午便被两位记者纠缠住，刨根问底，说了许多话才摆脱开。已经没有时间按惯例打个盹了。接下来整整一下午全是开会，研究年画词典的条目和分类问题。此后，又是电话，谈事，还是电话，谈事。回到家，脑袋已经像一个纸篓，里边全是纸团。已经不知道每个纸团里边写着什么，也不再想打开任何一个。

待睡一小觉，饭足汤饱之后，便用我最得力的家伙——音乐——来清扫脑袋里种种琐事的碎屑了。一片月光却来到眼前。它究竟随同音乐一同来，还是被音乐招唤来的，便分不清了。反正，清冷的、透彻的、水一般的光使我平静，并由平静走向沉静。渐渐地，音乐停了也不知道，音乐已经把我化入这片令人迷醉的可视的情景中。

接下来是作画和这幅画的诞生。

《月光曲》
75cm×34cm
2010年

聊天

平凡的日子中最平凡的生活便是聊天。我说的不是与某位思想者聊天，而是普普通通的闲聊，可这种闲聊正是对平淡的日常生活的一种调剂。

听来的、看见的、记起来的、想到的或想知道的，都是谈话的内容。在聊天时引发的种种看法，是话题的延伸；由歧见造成的争辩、熟人的小笑话或者偶尔吐露的私秘，便是这种聊天的一个小高潮。然而这种高潮在日复一日的生活长河里，连个浪头也算不上，但是它推动着生活本身。从人本的意义上说，推动生活的不是革命、誓言、重大决策以及什么里程碑，而是聊天。

它是家常菜里的盐巴。没有它，便没有最寻常的滋味。人与人就是在这种随意的聊天中，相濡相知相近相关。

没有比聊天更平凡的事，也没有比聊天更能随时消解生活中的寂寞。看似聊天可有可无，如果没有聊天，生活便化为一片空虚与孤独。

秋色深几许

在赣北婺源那片迷人的村落，我喜欢理坑。理坑的交通不便，好似埋藏得很深。为了细致地考察它的遗存，听由这儿的村长领着我在重重叠叠的老房子里穿入转出。其中古宅名宅很多，都是标准的徽派建筑——青砖灰瓦和粉白的马头墙，而且样式决不相同。在里边有一种愈走愈深入的感觉。特别是，此地一些院落，中间挖一个方方正正的深池，放水养鱼。这些水池有一二百年，水色青黑，大鱼二尺余，逾十斤。活生生呈现着它独有的历史。

此时，秋色已深，木叶转黄，斑驳地夹杂在这些屋宇与院落间，或隐或现，更显深幽。然而，村中年轻村民大多外出打工，留下老人照看孩子和老屋。村内静寂异常，鸡叫多于人声。有些房屋，久空无人，腐朽破败，多有倒塌。村民说，年年都会轰然一响，出现一所倾圮的老屋。这美丽又衰老的古村的前途将是什么？

《秋色深几许》 114cm×68cm 2010年

林之光

　　意境，如果作为概念，会有诸多的解释；如果从创作感受来说——意境是作画时的心境。

　　我已经不知道这幅画缘何而作，可能是一种希望或期盼将要实现；抑或是一种美好的事情不期而至，心里骤然充满光亮。这光亮不是死死的一道强光，而是霞光万道，不停地变动，好像投入树林的阳光，穿过树枝树叶，化成无数光束，动态地充满了森林所有的空间。这景象十分迷人，正如我当时的心境！

　　我是在那一刻，心中浮出这个画面的。对于绘画本身，我似乎要描述一种意境；但对于我本人，则是要呈现这种心境。所以我说过，文人画首先是满足自己的。

　　我还画过一幅《初照》。一道夺目的晨光射入林间，那是我在每天清晨中感受到的一种心境。清晨，我们因为一夜酣睡而精饱力足。在面对有大把大把时间的新的一天到来之时，我们满怀工作的欲望。时间是另一种空间，它靠我们把它填满。我们能做多少事情，这空间就会有多大。于是，清晨之光如同瀑布一样亮闪闪地倾泻下来。林间一切色彩鲜艳百倍，万物清晰入目。这显然是另一种意境，也是我另一种心境——另一幅画作了。

躺在雪岸上的树影

影子之美，是它呈现着事物生命的姿态。雪如白纸，雪地上的影子十分清晰也十分之美。中国画的奇妙是可以用"留白"（白纸）来表现白雪，而不是用白颜色去涂抹白雪。那么，雪地上的树影不但表现白雪也是表现阳光了。影子愈清楚，阳光愈强；影子愈模糊，阳光愈弱。

无论画影子，还是画光，都可以利用白纸。

中国画家视白纸为绘画生命的一部分。有时可以用白纸做天空；有时可以做纤尘皆无的水；有时可以化做缥缈的白烟，浮动在峰峦山谷之间；也可以作为雪地和光影——这是我的一个发现。甚至还可以直接作为光，这在《照透生命》一画中运用得最充分。

空白还是一种空间，它令人遐想。人的想象最需要空间。空白的意义是可以让人随心所欲地去想，同时使画的意味无限度地扩展开来。

大江放舟

　　大江放舟，一泻千里，中流击水，挥篙高歌。每每事无阻碍，前景光明，路途畅快，思顺心驰，便想画这样一种画。

　　一日，朋友送来安徽泾县净皮白宣，展开一纸，横铺案上。便有这样的大江放舟的画意生于心上。遂以狼毫大笔按在碟上，使之锋齐，一侧蘸浓墨液，一侧浸鲜绿色汁，几笔挥扫，便有光亮的长浪从纸上鲜明地流泻而过，此时觉得这幅画已成一半，于是顺乎心情，也顺乎笔法，很快便成就此幅。

　　画过此幅，心想此纸四尺，还嫌画面小一些，倘若八尺或丈二纸，一准滔滔万里！

　　朋友说，何不再画一幅大的？

　　我说，想画，却没了兴致。

　　朋友说，你画画也这样任性。

　　我说，做事可以不任性，作画非任性不可。

《大河直下好放舟》
68 cm × 55 cm
1990年

心之舟

　　这是一幅纯粹的梦境的再现。一次梦醒之后，梦的内容已烟消云散，只觉得是一个优美的、期待的、伤感的梦。还有一个画面萦绕我心头，便是一只小小的船儿。

　　它被浓浓的雾气笼罩着，似隐似现，密集的树丛又把它围在中间。然而，这小舟并不是身陷在丛木和湿雾里，而是悄然卧在我的心中，被我挽留和保护。我带着一种爱怜之情，将它再现出来。

　　再现它的方法，是将它从心中捧出来，让它呈现；然后再把它虚幻化，送回到心中。

　　中国画历来讲究虚实对比。虚实不止是画面的形式结构，也是运笔之法。这虚与实的对比，也是刚与柔的对比、强与弱的对比和隐与现的对比。只有对比，虚则更虚，实则更实。倘若虚实浑然一体，辄虚实相生是也。

　　然而，画实难，画虚更难；虚在有无之间。

　　但事物因虚而无穷，意味因虚而无限。因故我把这心中之舟——也是最虚的部分——放在画面的中心。

树间舟

我生长在海河边，最喜爱从树间看船。大树伫立不动，带着一种静穆的气息。江上行舟就在这巨大的树木之间；船行很慢，有时看上去好似静止不动；稍不留意，这船儿便跑到树后，江上一片空白。或者忽然又有几只船儿扬着白色的布帆飘进视线中来。

这种美，是动与静结合之美。静中观动，动中观静。前一个"观"是观看，观赏；后一个观是关照，动与静的相互关照。

我极少重复作画。这树中之舟却画了不止一幅。一是因为自小生活在海边，这种美感记忆太深；一是由于我对画槐树的树皮有一种偏爱。手使兼毫的大笔蘸墨蘸水，逆锋相上，既有粗粝的飞白，也有幻化的水墨，感觉非常丰富。如果能把一种事物变成一种特定的审美，则是作画时很高的境界，也是一种自享。故而这题材我例外地画了多次。

听水

听雨听风听水听鸟听蛙,这种美感与惬意常见于古人的诗文书画之中。古人观瀑听水,多画一人抚松或坐石,面前悬挂一瀑,飞流直下,清溪绕足而过。此人便是画家自己。身处画中的位置,便是观瀑听泉最好的位置。

我则将画中人物,换成鸟儿。这鸟儿却非自然界的鸟儿,而代表我自己。因此我的鸟儿多半只画一个影子,有姿态神态即可。

鸟儿自由,可飞到画中各处。比如这幅画中的"我",则是站在泉口上边缀满红叶的秋树上。下临飞湍瀑流,喧嚣和轰鸣。这鸟儿可以使我从一个新的角度,体会一种新奇的境界。观我画者,也可以站在鸟的角度,身临其境地体会画中的另一番情境。

或许有人问我,文人画不是自我抒发吗?也要考虑别人怎么欣赏吗?对于其他文人画家,可能无须考虑——自赏也是他赏;但我是作家出身,文章不是给自己读的,是给别人读的,即使再自我的文字,也要想到读者的接受心理。可能这是我的画与古代的文人画的不同之处。

夕照迷离

在江南水乡考察时，过一古村，时近黄昏，瞥见一人弄舟，穿行于窄窄河中。夕阳逆光而照，光线刺目，人摇船动，光影错杂，迷离又璀璨，这种异样的感受嵌入我的记忆。

此后，又去考察抚州流坑一带古村落。由于交通闭塞，村落民俗遗存甚富。村民都知其村落历史久远，有价值，不会轻易毁掉，但心中所盼，却是开发旅游。如果依照时下那种野蛮的旅游开发，会被涂红抹绿，全糟蹋掉。于是事情就变得两难；如果不开发，无人管它，只有自行渐渐消亡；如果开发，倒会保存一些下来，又面目全非。何去何从，我陷入困惑。

困惑时眼前便出现了这个画面。这个在迷乱中、窄河里、夕照间，摇摆不定慢慢前行的小舟……我并不想用它说明什么。我想，它的再现，一定是我此时心境的呈现。遂动笔把它画下来。

是为记。

花之乡

我不喜欢盆花、瓶花、名花，喜欢野花。野花多不知名，也无须打听它的学名。它们常常一片片爬满山坡或者覆盖整个原野，也会在什么角落自由自在地生长。它们千姿万态，各形各色。有时一片鲜亮的颜色把你包裹其间，有时席地而来的浓香叫你心醉。

我喜欢野花的自由和自然。我向往生活其间。这种愿望驱使我把一间房中栽满绿萝、田七和春藤，任它们随意攀援，从不修剪。倘若一阵子太忙，推门进去一看，一些绿色的枝条居然在藤椅子的缝隙里钻来钻去，还有一些藤枝在地上蛇一般乱爬，以致爬到一座古佛的头上去了。写作累时，便来这里坐一坐，静一静，想一想。这屋里有一架小型音响，打开之后，是各种鸟叫。这张光盘是从巴黎凯旋门附近一个动植物保护者开设的小店里买的。

白天光线从窗射入后，先穿过层层绿叶。明明暗暗的光影，给我无限的绘画的启发；晚间，我把故意藏在这些树叶里边的灯东一个西一个地打开，迷离错乱的光线里隐伏着我的故事。

一次在西塘考察，看到各种野花与一片民居纠缠一起。原来村民的想法与我极为相同。因之作是图。

此图是西塘，也是我；非西塘，亦非我。

冯骥才作品

《野花》 44cm×52cm 2007年

伞

这幅画上的题句是"相亲相爱铭心事，都在风风雨雨中"，已经将此画的含意表述出来。这种对往事的怀念，以及对"爱是苦难中的支撑"，全都浸入在水墨之中。因此，我画过不少类似题材的作品，如《老夫老妻》、《长相依》、《冬日絮语》和《风风雨雨奈我何》等等。

我喜欢以相互依偎的小鸟表现人间珍贵的爱意。于是我发现伞就是爱的象征。

这种爱是全人类的。艺术没有国界。所以《冬日絮语》在美国一次画展上被一对老年夫妇买走。我问他们因何要买这幅画，洋老头儿说："这就是我们俩。"

洋老婆笑了，满脸的皱纹全张开。一瞬间她容光焕发，好似回复了青春。

我表示同意，请他们在画展结束时来取画。他们转身走去时，很自然拉起手来，相携而去。

还有一次，在维也纳的一次演讲时，一位女士起身说："我就是你写的《高女人和她的矮丈夫》的高女人。"她个子的确很高。

你的艺术如果和人间有这样的命运相关的联系，不是很美好的事吗？

我相信，不少人会对这幅《伞》有感受并唤起回忆。

梅之魂

王成喜的梅花是当今画坛的名品。若论古人画梅必称杨无咎与王冕，当世画梅则首推当是成喜。此话何由？

梅花是国人喜爱的花卉。不仅寒冬之日，一花独艳，白雪红花，分外美丽。更由于它冒雪披霜，忍受严寒，依旧灿然开放，表现出一种令人崇敬的傲骨和理性化的品格。为此古人才将梅花列入四君子之一。因而说，古来画梅，皆是画人；看似描绘花朵，实则张扬精神。

为此，成喜笔下的梅花，不论日照月映，风里雾中，溪旁壁上，一律是枝桠挺拔，花朵丰盈，竭力张扬梅花独有的顽强的生命个性。他的笔下之梅，有梅树，有梅桩，有折枝，有瓶花，我辄更喜欢他那些巨大的梅树。木本粗壮有力，枝条生发其间，生气勃勃地向上蹿腾；就在这纵横穿插之间，海一样的花朵铺天盖地，流光溢彩，芬芳满纸；细看却毫无率意，而是精微到每一花朵之中。或含苞，或绽放，或方启，或盛开；或正或背或斜或倚，或密或疏或争或让，疏可走马，密不通风，远近分明，虚实有度，张弛含情，隐现成趣，最终相互交错一起，成就了一株株繁花万千、大气磅礴的梅树。

应当注意的是，成喜之梅没有古代文人的超凡避世和孤芳自赏。而是花朵丰腴饱满，个个明亮夺目，满树炽烈如火，通幅激情四射。即使空气中飘着雪花，也是挺过严冬的报春之梅！

古来画梅多圣手，写此春花有几人？

这报春和迎春之梅，是成喜的笔中开放出的花朵，也是当今山河大地处处可见的时代之花。

成喜画枝干的笔法源自宋元。唯宋元才有如此刚健苍劲的中锋。笔锋如剑，剑过留痕。笔中的刚劲正好与娇嫩丰满的花瓣相对比，苍润相生，刚柔相济。然而成喜决不落古人窠臼，他以古人之法，抒个人情怀，唱时代新曲。故其梅花有情思有寄寓有生命感，更有一种唯成喜才有的新意。

成喜正值盛年，艺术处于顶峰。山水花鸟无不精工，瀚墨丹青并为双翼。此时画集的出版，无疑是其斐然成就的全面展现。作为挚友，书此数言，以表情谊，且不揣浅陋，论其艺术。话说至此，言犹未尽，赠诗一首，录在这里：

> 笔随心性墨随意，
> 多写春花多报春，
> 世人说梅夸君好，
> 应知我兄是花魂。

是为序。

春天最初是闻到的·第五章

绘事自述

我天性喜画，画在文先。20世纪70年代末一系列伤痕小说发表之前，已有十五年丹青生涯。由于世人知我多缘自文学，故以为我先文后画。这里执意加以说明，是因为我后来的写作常常运用画家特有的视觉思维。

自我操弄笔墨，至今五十年。虽有时全心写作，有时倾心于文化遗产保护；然丹青之恋，犹然未已，时断时续，不曾放弃。我曾在旧金山举办画展时，做过一个演讲，题目叫做"绘画是文学的梦"，以表达我对这种可视的缤纷的创造之向往。由于大多数听众是文学爱好者，很少有人听懂我所言之深意。

数十年来，我的绘画可分做前后两个阶段。

前一阶段始于20世纪60年代初。那时以摹制宋代北宗诸大家画作为生，得以钻研古人的画理画技，其中偏爱范宽、郭熙、刘松年、马远、夏圭和张择端。于是侧锋的斧劈皴斫和中锋的长线勾勒深刻地记忆在我的笔管里。同时，注重师法造化，常常肩背画夹，外出写生，近及京西蓟北，远赴岱宗太行，这一阶段绘画追求时代山水与传统审美的融合。可惜画作多毁于"文革"与地震，残剩寥寥。

"文革"间，艺术几近灭绝，个人偶动画笔，发于兴趣而已。1978年新时期崛起，心中壅塞欲吐之言，跨入文坛，即卷进新时期文学激流中。一时笔锋如火山口，炽烈迸发喷涌，十年中写作数百万字，自然与画疏离，且渐行渐远。这段岁月，应是我个人画史的一段非常的空白。

后一阶段始于1990年。由于时代变迁，放慢写作，静心于书斋中定神苦思，总结以往，忽有画兴，来之甚猛。这迅猛之势源于情感，发于心也。谁料心中的丹青竟不可遏止，阔别的水墨更是焕然一新。那时，忙于在京、津、沪、渝、鲁、甬等地，继而到美国、奥地利、新加坡和日本等国举办画展；日后反省，才明白原来多年来作家抒写心灵的思维方式，使我不自觉地进入了真正的文人画范畴。如果说，我的前一阶段是画家画，后一阶段则是文人画。当然，我的画不是古来已成定式的文人画。这便招来对我的画风其说不一。正像当年《神鞭》问世，有称传奇小说，有称津味小说，或称武侠小说、荒诞小说、文化小说等等，众说纷纭，莫衷一是。那时的报章有称我的画为"作家画"，有称为当时画坛盛行的"新文人画"，却又嫌在画风上相去甚远，一时难下定论。我在日本东京举办画展时，平山郁夫先生撰文称我的画为"现代文人画"。我觉甚好，在接受他的概念的同时，也引起我的思考：何谓"现代"的文化画？我的自我总结，是我的画不像古人那样崇尚诗性，而是追求散文性。诗是在点状的凝聚，散文是线性的叙述。我追求绘画的内涵与意境能够像散文那样可以叙述。而散文更接近现代人。

中西绘画最大的区别不是形式，而是精神内涵的不同。中国画讲文学性。中国画家所说的意境简而述之：意就是文学的意味，境就是可视的空间境象；二者相合即为意境。可以说，意境二字是对文学与绘画融为一体的高度升华与提炼。

然而，在我将"现代文人画"明确作为绘画目标时，全球化和现代化对城市历史文化遗存的冲击，牵动我心。我于1994年开始举行一系列大规模城市遗产拯救行动；自2002年又发起全国性的民族民间文化遗产的紧急普查与抢救。由于许多行动属于民间性质，必须倾注全力，故我在文章中的呐喊来自我写作的笔，我的经费来自我的绘画。

我在一篇文章《为周庄卖画》中，写下这种伴随我近二十年的卖画行为的缘起。

尽管绘画的成果多化为文化保护的支撑，绘画的过程却贯穿我的艺术的思考与追求。文人画及其当代性已是我致力的方向，一己性情始终是作画的驱动力，审美的发现常常是一种灵感，自我寻找是我终极的追求。既不能向古代的文人画既定的笔墨中寻找感觉，又要保持唯中国文人才有的精神方式，这中间的道路只留给具有个性魅力的人去开掘。我不知道能否做到，却知道应该怎样去做。

在这后一阶段（1900—2010）中，唯一的变化是，20世纪90年代的画幅较大，21世纪前十年的画幅都较小。这大概是我把较多的时间都支付给巨大而无边的文化遗产保护的事业，同时也说明绘画是我终生不能放弃的了。因为我说过，文学（包括文化）于我是一种责任方式，绘画于我是一种生命方式。绘画不能像文字那样具体地记录生命的内容，却能直观地逼真地保存下生命的形态。

这恐怕是我对文人画最本质的理解了。

本画集是我五十年绘画的一种总结。虽然图版皆是后一阶段的"现代文人画"。然而，我将前一阶段经历"文革"、损毁殆尽的"劫后残余"的些许资料，尽可能地作为历史依据附在集中。为使内含充分，还收录了几位中外学者评述我的文章和绘画观方面的自我表述以及个人的大事记等等。应该说，我尽量使这部画集具有一定的档案性。

我绘画的道路还长，凡长途远行者，走上一段总要回过头来看一看，鼓励自己，亦校正自己，以利前行是也。

文人画说

一次画展上,一位年轻的观者问我:"你的画是文人画吗?文人画和中国画有什么不同?"

我笑道:"文人画就是中国画。"

谁料他又把话倒过来,问我:"中国画是文人画吗?"

把话倒过来,往往就换成另一个问题。这年轻人很善于思辨。

我说:"不可以这么说,也可以这么说。"

这话好似绕口令。

他听罢感到不解。我想解释给他,但又不是三言两语说得明白,只能做如是说。

文人画是中国绘画独有的概念。文人是有主见的人,故而自文人画崛起之日,各种艺术主张的旗号便高高擎起;而后历时千年,更是充满着自我的思想思辨和相互的理论争辩。由王维、苏轼、米芾、赵孟𫖯、倪瓒、吴镇,及至董其昌、郑燮、齐白石等这些中国艺术史上巨型的精英,全都裹入其中。可以说文人画的历史就是中国绘画艺术的思想史与批评史。

文人画又为中国绘画创造了独特的文化形态。从个性化和心灵化的人本,到诗书画印一体的高雅的文本,使文人画具有纯正的经典的东方气质、东方意蕴和东方美,以致一般西方人把文人画当做中国绘画的本身乃至全部。

然而，文人画自它诞生之日，却一直陷入各种歧见和认识的误区里。从初期被贬斥为消散简陋的隶家画，直到近世又被视做旧文人的笔墨游戏，文人画似与我们相隔甚远，间有重嶂，晦涩不明。幸好在今日，那些人为地甚至政治化地涂上去的种种历史污垢正在被拭去，理论界开始重新识别它的面目了。由此我们发现，重新认识文人画，竟是重新认识中国画！

对于上述这些历史的思辨，我尽在书中表达出来。此外，便是我本人的绘画观。我对绘画的思考一直没有离开过对文人画传统的反思。对于传统的文人画，我继承哪些，摒弃哪些；哪些应视为至圣之本之源，哪些被我反其道而用之。在本书中，我都一一从细道来。

我自认为，我的绘画之路是重返文人画传统的路。我所说的传统，绝不是历史的、滞固了的形态，而是一种精髓与神髓，一种活着的思维，一种真理性的艺术主张，一种可供神游和再创的博大的空间。

这里之所以用"文人画宣言"作为书名，是因为从苏轼到陈衡恪，文人画一直在"宣言"，在自我申辩。至于他们为何这样，我又因何这般，道理尽在书中是也。

《心中十二月》题记

　　大自然以十二月为生命一轮。其所滋育之万物生灵，亦如这十二月，由生到灭，苦乐兴衰，概莫能外。从中悉心体悟，人生况味潜藏其间，辄便化为水墨，融入丹青，呈现笔端，诉诸于纸，遂有此一组图画。凡十二图，每图一月，与时俱变。题曰：一月静谧，二月苏醒，三月朦胧，四月轻柔，五月清澈，六月光华，七月激荡，八月升腾，九月丰足，十月灿烂，十一月高远，十二月安寂。看似风景，实乃生命历程与心灵境象也。谁识其中意，即是我知音。画罢题之，是为记焉。

大自然以十二月為生命一輪真所滋育之萬物生靈亦如這十二月由生到滅苦樂興衰概莫能外從中墨心體悟人生況味潛藏其間頓便化為水墨融入丹青呈現筆端訴諸於紙遂有此一組圖畫凡十二圖每圖一月與時俱響題曰一月靜謐乙月蘇醒三月朦朧四月輕紊玉月清澈六月光華七月瀲灩八月田臆九月豐足十月爛十一月高遠十乙月古寂眉似風景實乃生命歷程及心靈境象足誰識真中意即是我知音畫罷題之是為記焉

丁亥年陽春於津門醒盾軒馮驥才

名画亲历记

一、新马可·波罗

3月19日早晨，一种异样的紧张又兴奋的气氛充满学院高耸的院墙内外。十点钟，这种气氛渐渐加剧。一辆巨大的银色光闪闪的集装箱车由警车引路驶入我院。这辆发自上海的车子，为了防止意外，起程前就把车的牌照用白色塑料布严严实实遮挡起来，这样就给车内的"乘客"——四十九件文艺复兴时期的原作增加一种神秘又神圣的感觉。当海关人员验过车门上的铅封，车门打开，几件原木包装的大木箱赫然入目。同时一股幽深又浓郁的气息从车厢深处迎面扑来，就像数年间我在一个阴雨的清晨，独自站在佛罗伦萨一条古街的街口所感受的那样。

几次到意大利，最重要的事是看画。

每次都要排几小时的队，去乌菲齐和梵蒂冈两座驰名于世的博物馆去寻找曾经从画集中看了数百遍的那些神明般的杰作。还有一次饿着肚皮赶在关门之前，跑到米兰的圣玛丽亚德尔格契修道院去看《最后的晚餐》。另一次在西斯廷教堂仰头看米开朗基罗的穹顶画，举头太久，勾起了颈椎病。意大利人创造了人类瑰宝，他们深知这些宝贝的价值，自古以来一直好端端放在原处，碰也不碰，等着世界各地的人们千里迢迢去"朝圣"。谁能想到他们还会搬到中国——天津——天大!

今年春日,当闻名世界的收藏世家贝利尼家族第十七代传人路易吉·贝利尼来到天津大学拜访我时,他在"大树画馆"看过我的画后说:"我想请你到佛罗伦萨办画展。"我却说:"我更有兴趣的是你把你的藏品搬来。"

他对我的话极有兴趣。他说:"我正想做新的马可·波罗。我想把家藏的珍品搬到世界各地,搬到人们的眼前。我最希望搬到中国来。"我笑道:"那就搬到我这儿来吧。中国的大学生看了,就是中国的明天看了。"然后,我陪他参观学院的北洋美术馆。我自信这个美术馆会把他"说服"。果然,他一走进静谧又幽雅的美术馆,当即说:"我喜欢这个美术馆的气氛,还有黑和灰的颜色。我把这些画拿来——"说着,他递给我一本画集。这本精美又高贵的画集是在意大利印刷的。

我打开画集,怔了。达·芬奇、安吉利科、乌切诺、拉斐尔、米开朗基罗、科西莫、提香、丢勒……在人类绘画史上,每一个名字念出声音都是一个雷声。难道我们城市的人,真正"足不出户"就能看到这些罕世珍品?

是的。现在这些人类巨型的原作已经进入我的学院。这是中国大学的首次。晚间一位美国的大学教授打来越洋电话,我告诉他达·芬奇来到我的学院。他很惊讶,他说这种事发生在美国的大学也是不可思议的。

二、NO.41画箱

我们在北洋美术馆 A 馆中间放了一张巨大的桌子,交接作品的方式是要经过严格的检验。每幅画从箱子里取出来都要放在桌上,根据贝利尼博物馆在上海代理公司提供的文字档案,核对画面原有状况。每一个细小的历史性的残损与龟裂也不能放过。我手执高倍的放大镜,俯身细察画面上所有微小的细节。

我是幸运的。有多少人能够如此近距离地观看这些人类超级的艺术杰作？拉斐尔的色彩、丢勒的线条都被我手中的放大镜神奇地放大——更清晰也更具冲击力。从中我还发现了他们的色彩与笔触的秘密。

比如乌切诺那两个画在箱板上的古罗马英雄——奥古斯都与马西莫。人物的轮廓是用黑色的线条勾勒的，但线条内的色彩与线条清晰地脱离开，有如一条利刃刻画得又细又深的沟。这表明在那个由胶画向油画过渡的年代，油画颜料还处于试验阶段。勾勒轮廓所用的颜料与轮廓内使用的颜料是不同的材料，年深日久之后，两种颜色截然分开了。原来文艺复兴时期的大师们都是用如此不成熟的材料来完成那些举世闻名的杰作的！是呵。达·芬奇创作《最后的晚餐》时，不就是整幅画没完成的时候颜色便开始剥落了？

我验过几幅画之后，便说："请打开第41号画箱吧！"

上海的朋友们也笑了。他们知道我急不可待地要见到达·芬奇。达·芬奇的《骑士》就在41号画箱中。

这画箱只有80公分见方。打开锁和箱盖后，一个柠檬色鲜黄硬纸夹被夹在几块银色的海绵块中间。所有工作人员都戴雪白手套，但不能七手八脚，动手操作的是我一个人。我极其小心地打开黄色纸夹，里边的画包着一层白棉纸。贝利尼反对任何现代工业材料（如塑料和尼龙）直接接触画面。待把这层白棉纸打开，我感觉周围人的目光全亮了。在众人交织一起的雪亮的目光中，达·芬奇的原作《骑士》如同一个生命出现在眼前。

这个钢笔描绘的骑士画在一张较厚的硬纸片上，大约八开大小，已经很旧。当时人们一定不很重视它。所以纸片的四边被裁过，裁线有些歪斜，画面不是非常标准的四方形。等到我后来把它反过来装到镜框里时，才发现这张硬纸是一个文件夹的封面，左侧有几条折线，明显是为了方便掀文件夹压出来的。背面还残留着一些红色和黑色的衬纸。

这都是后来发现的。在刚刚见到它的一瞬，我好似感受到达·芬奇作画时留在纸上的呼吸。这个持枪归来的骑士一脸懊丧地向我缓缓走来。骑士皮衣上厚厚的毛与坐骑浑身的鬃毛全都无力地松垂着。然而，隔过这蓬松的皮毛却能感受到骑士与战马有力的躯体。

　　在放大镜里，怎么也找不到钢笔画通常可见的笔尖在纸上的划痕。这是件印刷品吗？当然不是。这幅小小的素描已经历时六个世纪，那些笔尖的划痕早已被时光磨平。但作画时用笔的流畅和韵律依然如故。达·芬奇喜欢用这种发红的棕色的钢笔水作画，这些钢笔画多半是他油画的素描稿。他曾经有过这样一幅油画吗？可能有，但没有传世。然而，我们却能从这钢笔画上感受他油画特有的"薄雾法"。这种薄雾法使他的画有一种朦朦胧胧的空气感。画中的一切在这感觉中栩栩如生。

　　我还有一种很兴奋的感觉。我怎么也想不到，达·芬奇的画此刻会在我的手中轻如蝴蝶般地翻来翻去。

三、挂画

　　在这些名画未入美术馆之前，我们早做好准备。温度20℃，湿度40℃，适度的照明。连画前的隔栏都是按照文艺复兴风格特制的，这风格是一种古朴又沉静的美。馆内颜色也依照贝利尼博物馆指定的黑、灰和酒红三种颜色来布置的。但没料到最吃力的事情竟是挂画。

　　这些时隔数百年的绘画，画面大多出现裂纹，有如瓷器的开片；有的甚至剥落。一些布面画，比如卡乔里的《圣·玛尔蒂蕾》，织物早已失去弹性，经纬稀疏，十分松脆，仿佛一触即破。不少镜框的榫接部分都已松动。乌切诺那两幅木板油画从背面看，虫叮蚁咬，历尽沧桑，充溢着历史的美感，同时也近于朽败。安装在上边的挂件还牢固吗？而这些画的挂件是不同时代、不同人装上去的，全不一样。有的是一个粗大的铁圈或铁钩，有的只是一个小小生锈的铜环，能挂得住这些十分沉重的古画吗？有的画得四个人才能抬起来。北洋美术馆的挂镜线的高矮是固定的，挂这些画时，高度不一定合适。最后我们确定，画框上原有的挂钩只在上端起牵制作用，每幅画下边都要增加铁

我在学院北洋美术馆举办第一个展览,是从贝利尼家族借来49幅意大利绘画巨匠的原作,包括达·芬奇、米开朗基罗、拉斐尔、提香等。布展时,我亲自动手悬挂达·芬奇《骑士》时的情景。

件,托底与承重。由于画件的大小不一,添加的金属件又不能被人看见,以免破坏观赏效果,所以每幅画承重的金属件都要量身定制,再三核对,画出图来,按图打造。为此,我已经有些神经质了。交给别人去挂不放心,每幅画都要亲自动手。谁想这49幅整整挂了两天半。每天十几个小时。挂好后夜里忽然睡不着,总觉得画儿要掉下来。

四、价格与价值

关于学生票价定为两元一事,受到许多朋友的责怪。有人说,某某明星一场说说笑笑的票价600元,难到达·芬奇还不如这些媒体爆炒出来的明星?

我问他:李白的《静夜思》卖多少钱?一首诗在书上最多占半页纸,难道李白的诗只值两角钱吗?

精神的事物无法计价。你拥有大把的钱,却不见得拥有丰富的精神与高尚的美。

我的朋友反驳我,那么那些歌星的出场费、畅销画家的画价呢?名不副实吗?

我说,在市场时代,价格与价值不一定是同步的。

市场的原则是盈利,市场的手段是促销。由于精神和文化的事物很难计价,这就给市场促销留下极大的余地。市场一定动用各种手段夸大促销对象的价值,以提高价格。这些手段包括给促销对象冠以"明星、巨星、天王、绝版、经典、时尚",都是我们在媒体上最常见的字眼。这些耀眼的字眼后边有一只无形的敛钱的手。然而,市场上的明星如同擂台上的英雄都是转瞬即逝。等这些巨星们过时或过气,也就是被时间和历史缩水后,人们会发现他们真正之所值。

我对这位朋友说,媒体曾报道一位画家的画被人以千万元买走。这位画家不过四十余岁,你能相信他的一幅画值一座工厂吗?

这位朋友还是抓住问题不放,他继续问我:

为此,你反其道而行之,故意给这些"永放光芒"的达·芬奇们定了两元钱的学生票价?

我说,是的,是想表明我不按照市场的规矩定价。我们做的是公益活动。公益性的文化活动按照公益原则,经营性的文化活动遵照市场规律。这之间不能混淆。如果借机牟利,会损害公益精神。公益精神是神圣的、纯洁的。

为此,这个展览,每天参观者达5000人以上。周末超过7000人。不单本市28所大学踊跃来看画展,还有大批来自全国各地,如北京、广东、湖南、河北、山西、山东、甘肃等地的学生。天天学生们从夜间就开始排队等候购票。由于展厅控制温度,必须控制人数,分批放人,所以进入展厅要耐心等待。学生们必须站四五个小时,甚至更长时间,才能进入展厅。

两元钱的票,只是印刷的成本。这使得学生与达·芬奇没有任何障碍。只要来到我们学院,就能亲眼见到这些人类最伟大的艺术家的原作。

每天参观者七千人,十七天超过十万人。

有记者问我,展览成功的秘诀是什么。

我说除去大师们的魅力之外,就是——公益精神。

纯正的公益行动可以呼唤出一种理想的社会文化的景象。

五、湿壁画

展览规定在下午四时闭馆,五点静馆。实际上每天静馆都要到六时以后。然后关门上锁后交由武警战士守卫,并且整夜都通过闭路系统严密监视馆内的一切情况。

在意大利的路易吉·贝利尼听说他的藏品由22名武警轮班看守,深受感动。他说他的藏品只有在中国受到如此高规格的待遇。我通过他的代表告诉他,武警战士说,他们看守的不是黄金万两,而是人类的文化遗产。

每天静馆时,我都要和美术馆的工作人员在馆内巡视一周。将观众挤斜的栏杆摆正和调齐。检查每一幅画有没有出现意外。我一直不是用欣赏者，而是像医生探视那样观察展品。不只看画面，还要看画框；绝非欣赏色彩与画技，只是查看是否出现裂痕或损伤。

直到最后三四天，我感到自己还没有好好看这些画时，再不看这些画就走了，这样才在静了馆巡视一遍之后，跑到几幅特别想看的画前盯住认真看一看。首先是乔托学校绘制的《圣人和坐着的圣母玛利亚》。

这是一幅壁画。原先画在拉威那城一堵墙壁上，后来被揭下来牢牢地贴在一块木板上。在此次展品中它不是一件特别出色之作，但我对它分外关注。因为它采用的画法，是文艺复兴时期流行的一种新的壁画的画法——湿壁法。就是在墙壁上作画时，不必等着墙皮完全干燥后再画，而是在墙灰湿漉漉尚未全干的时候就开始作画了。这样，画上去的色彩容易渗入潮湿的墙皮里，色彩与墙皮混在一起，不易脱落。据说敦煌莫高窟三号窟由元代画工史小玉画的那幅精美绝伦的"千手千眼观音"，就采用意大利传来的湿壁法。我曾经写过一篇文章论及这幅壁画，叫做《历史莫忘史小玉》。

元代末期正是文艺复兴崛起的时代（14世纪）。这种湿壁法能够千里迢迢由意大利传入中国，肯定是那条神奇的丝绸之路的功劳。民间画法是口传心授的，难道曾经有一位蓝眼睛的意大利画师穿越天山和塔格拉玛沙漠来到过敦煌？正是这种湿壁法，使史小玉那种刚勒又流畅的铁线有力地切入墙壁，直到今天犹然可见当年非凡的笔力。而且历经数百年风沙的消磨，依然没有出现墙皮起甲和剥落。

此时，我注意到在乔托学校绘制的这幅湿壁画上，所有线条和色彩好像印刷品一样，油墨的色彩牢牢地印在纸张里。湿壁画法的发明包含多少智慧呵。

当时湿壁画法的流行，与那时候壁画使用的颜料不是油彩而是传统的蛋彩有关。只有这种水质的蛋彩才能融入潮湿的墙壁。等到后来油彩被普遍应用，水与油不能融合，这种湿壁法便不再使用了。

然而，中国的壁画一直使用水调和的颜料，敦煌莫高窟三号窟所采用的湿壁画法为什么没有流传开来？在整个敦煌石窟，也只有这一幅画使用这种外来的"湿壁法"。中原地区没有任何地方的壁画采用这种画法。这表明意大利人的"湿壁法"只传到敦煌,只在莫高窟三号窟中昙花一现。为什么?

我想,主要因为莫高窟三窟的壁画已经是敦煌石窟的尾声了。元代以后,丝绸之路走向衰落。中外交流的重任"孔雀东南飞",转移到了东南沿海地区。敦煌随之没落,没人再在莫高窟绘制壁画,湿壁法无从延续;同时,西部与中原的交流也中断了,刚刚进入中国的意大利人的湿壁画法没有步入中原,便被永远搁置在那寂寥而空旷的黄沙大漠之中。

六、安吉利科的圣母

对于意大利文艺复兴的大师们笔下的圣母,我最关切的是安吉利科。甚至比拉斐尔的圣母更加注目。

文艺复兴的绘画是由"神"转为"人"的时代。在文艺复兴之前教皇统治的"黑暗一千年"里,圣母只是一个僵死的神的符号。冷面,呆板,拘束,正襟危坐,高高在上。到了文艺复兴,安吉利科最早地把女性生命融入了圣母的神像中。在他那些名作,如《圣母领报》等作品中,神灵已经具有现世中人的气息。当然这种人性化的圣母又具有一种理想化的美。因之,这次来我院展出的《圣母玛利亚怀抱婴儿坐在宝座上》对我有着极大的诱感。我在任何画册上都未见到过安吉利科这件作品。

开箱验画那天,当我从金属箱中将画取出,打开外边一层层厚厚的包装材料,出现眼前的不是画,而是一个古老的核桃木的木匣。整体细长,下端平直,上端好像荷花瓣的尖儿。木匣表面是对开的两扇门,可以由中间开启。中间镶着一个小小而精致的铜钩。

待我小心将木匣从中打开,好像一朵花慢慢开放。原是一个三叶形祭坛。这一瞬,一种静谧、高雅柔和的气息令我呆住。披着长长的银灰色风衣的圣母,沉默地迎面坐着。她细嫩的手轻轻拢抱着圣子。

目光深思与慈爱，好像在专注地倾听人们对她由衷的表述。我马上感觉到，我与这个带着母性的圣母没有任何神与人那样可望而不可及的距离了。

这正是我想看到的安吉利科。

使我关注安吉利科的一个深层的原因，是中国绘画史也有同样一个时期，主要表现在观世音菩萨的身上。最早传入中国，也就是唐代以前菩萨的形象多为男性的，嘴唇上大多画着石绿色的胡子。随着佛教深度地传入，并被渐渐本土化的过程中，菩萨的形象开始女性化。这与普济众生的大乘佛教受到民间的广泛认同有关。人们心中的神佛爱怜众生，慈悲为怀。自然与女性和母性仁爱与善良的本性联系一起。在唐代的三百年，观世音已经完全演变成贤良的女性，就像到了拉斐尔笔下的圣母，全然是生活中有血有肉、充满爱意的女性了。

安吉利科画这幅画时，油画颜料尚未普及。这种在木板上的蛋彩画都画得很薄，看不见笔触。此后，也就是开始使用油画颜料的那一时期的油画，也一律画得十分薄。但是形象却很立体，有层次，空间很大。比如这次展出的提托的《背景为风景的圣母玛利亚贞女加冕》、科西莫《先祖》、焦瓦内《圣母领报瞻礼》等等。尤其是安吉利科的这幅作品，从圣母皮肤的质感到内心世界全都在极薄的色彩中极其细腻地表达出来了，叫人不能不为这些古典大师的艺术高超而惊叹！

七、米开朗基罗

记得2003年夏天我在梵蒂冈博物馆内驻足太久，在外边驾车等候我的朋友不断打来手机电话催促我。匆匆走出梵蒂冈后，我还是坚持拉着妻子抓紧时间跑进圣彼得大教堂。我对妻子说："你必须看看米开朗基罗的《怜悯》，哪怕只看一眼。"

20世纪90年代末，我第一次站在米开朗基罗这件举世闻名的雕塑作品前，整整站了二十分钟。我那时的感受是——我自己成了凝固不动的石雕了。2003年这次，我再一次站在《怜悯》前面，感到的是同样的震撼与惊呆。躺在圣母身上的耶稣那么松弛，又有身体的重量感。那条垂下来的没有知觉的手臂，好像触一下就会轻轻摇动。圣母的悲哀与伤疼像浓重的雾笼罩在耶稣身上。她繁复的衣裙好似微微颤抖。她的血在光滑的大理石的躯体里流动；死去的耶稣的皮肤是冰冷的。米开朗基罗真的把古典写实主义雕塑发挥到了极致。人类已经不会再有人超越这个极限了。

为此，我一直想仔细看看这次来到我面前的这件米开朗基罗彩绘的浅浮雕——并不是因为它的市场身价最高（有人曾出价7000万美元买它），而是它不像我见过的米开朗基罗其他那些作品。

但是，我几次陪同客人进到展厅时，达·芬奇的《骑士》和米开朗基罗这件浮雕作品前总是挤着一堆人，无法上前，更无法在作品前多站一会儿。直到4月10日画展最后一天，为天大的师生们举行完专场观摩后，我便一个人来到米开朗基罗的《耶稣下十字架》前仔细观赏。于是，我被这位人类最伟大的雕塑家的艺术又一次征服。

这件陶制的浮雕作品，应该是艺术家为一件大作品制作的小样。不像他其他作品那样写实，而是写意的。十五六个人物都只有八厘米大小，几乎没有面部表情，只有动态，但所有人物的心理都鲜明而充分地表达出来。

作品描写耶稣被从十字架摘下来的过程。两条长梯倚在十字架两边。最上边一个黑衣人骑在十字架上端拉着套在耶稣胸部的布带，以保持耶稣沉重的上半身不会前栽；站在左边梯子上端的人拉住耶稣的一条胳膊，下边一人托住耶稣下垂的头颅；站在右边梯子上的是三个人。上边和中间的人从不同角度抱住耶稣的一条腿，下边一个挽住耶稣另一条腿。在各种力量的相互协作中，耶稣正被从十字架上小心翼翼地摘下来。

从力学上讲，被摘下十字架的耶稣已经死去，自身没有任何力量，只有下落的重量。那么所有人必然都向上使力，同时还要竭力保持耶稣身体的平衡，不出现意外。细看这一组人物，力量谐调一致，所有着力点都极其合理。而围在下边的一群人有的前拥，争相去接住耶稣的身体，有的掩面哀伤，或坐在地上痛不欲生。上下呼应，背景烟云涌动，光线明灭，构成整个画面——"耶稣下十字架"时特定的紧张又悲痛的气氛。

我想，如果这件作品真的放大后，制作成大型作品，一定更加震动人心。因为在这两尺多的画面上已经可以听到这一宗教悲剧巨大的轰鸣了。

有人问我说，这是米开朗基罗的代表作吗？

我说：它代表着天才的米开朗基罗。

八、最后的惊慌

4月10日画展如期闭幕。下午四时，准时摘画装箱。我又戴上雪白的手套，要和这些文艺复兴的大师们一一握手告别了。

事先准备好的包装材料，包括薄海绵、白棉宣纸和胶纸带都整齐摆在临时在美术馆支起的工作台上。

我原打算再把科西莫的《先祖》和卡莱纳托的《神奇的大拱廊》好好看一眼，但已经不可能了。待真正干起活来，只有专注又精心地把画包好和放好，不敢为个人的欲望而分心。

贝利尼博物馆在上海的代表已经在前一天抵津。我们首先要做的事，是共同检查每一幅是否完好。在长达半个多月的展览期间有没有受到损坏，哪怕出现些微的损害。依据是作品进馆时验画的文档资料。

在这一瞬，我有些紧张。虽然我天天闭馆后都检查一遍，但不敢说绝对不出疏漏。我心中默默祈望千万别出一点差错，让本来已很完美的事情最后十分圆满吧！

但是，意外的问题还是出来了。

先是上海方面的代表发现，柯查莱利的《帕多瓦的圣安东尼奥》的右下角出现一条裂痕。我跑过去一看，果然有一条裂痕，细如蛛丝，三公分长短。

这幅创作于1480年的神像，是画在木板上的。神像外边有一圈浮雕边框，浮雕是用石膏制作的，上边贴着很厚的金箔。而这条裂痕就在右下角的柱础上，线条发白，不像是"老伤"。由于这裂痕太细，太靠边角，很难发现。

这裂纹是怎么造成的呢？在挂画时，由于这件作品很重，我特意设计了托架，按道理不应该出现裂纹？

查看此画档案，没有这条裂纹的记录。但在这个位置是绝对不可能受到外力磕碰的。

上海方面的代表很通情达理。他们说："可能是自然开裂的。先摘下装箱吧。"

我想，这个解释最合理。但我没有马上表示同意这种解释，那样做似有推卸责任之嫌。而我又找不到其他更合理的理由。此刻，画已摘下，包装入箱。一种不快的心绪装入我的心中。

此后，由 A 馆、B 馆到 C 馆，画儿一幅幅检查后摘下，包装好，装箱上锁，没再出现问题。但是到了最后又出现意外。挂在 C 馆最后一个单元中的风景画，就是提罗尼那幅描绘水乡威尼斯的风景画《带贡多拉的威尼斯风景画》，正中楼宇二层楼的窗框上出现两处破损，半个米粒大小，油色脱落，露出白颜色的底色。我用放大镜仔细观察，不像是颜色的剥落，像是硬物碰撞出来的。我们赶紧查阅这幅作品的档案，也是没有记录。难道是有人用什么东西恶意破坏的，但展厅内从开馆到闭馆一直人满满的，谁会这么大胆公开破坏？如果真动手破坏，早被当场抓住。再者，这里还有工作人员的监视和武警的看守，以及二十四小时全天候的音像监视呢。但是，谁能判断出这几个细小的破损的来由？

一时没有办法。我感到脑袋发涨。上海方面的代表说，先装箱吧，回头我们对贝利尼先生做一个说明。

我知道我的责任。不仅有法律责任，还有超出法律更大的文化责任。我忽然想起十几天前一位朋友对我说：你胆子太大了。保险三十几亿的画展也敢办，你就不怕出事吗？出了问题，哪怕一点点问题你都兜不起。

难道我不幸被他言中？

当天晚上我闷闷不乐坐在家中的书房里。尽管上海方面的代表很仁义，表示他们会对贝利尼把事情解释好，并对我说贝利尼对这个展览非常满意，不会责怪你的。我却在责怪自己。我是个完美主义者，我不愿意事情有任何失误，就像文章中出现一个错别字。

每当烦恼与疲乏时，我习惯用音乐治疗自己。晚间，坐在书房里打开音乐，心境随之渐渐宁静下来。台灯的光将书桌上一本金口的书照得锃亮。这本书是这次展览作品的图集，展览前在意大利印刷的，书口是贴金的，非常夺目。我忽然灵机一动，为什么不看看画集上这两幅作品呢。如果是"旧伤"，画集上一定有。我抓住画集，匆匆打开——找到这两幅画，果然！叫我苦恼而无法摆脱的小小的伤痕都在画集上！原来是这两件古画上的"旧残"！

心中一块石头落地。心儿关闭的门一下子打开，充满光亮。第二天一早，我就拿着画集给上海方面的代表看。他脸上顿时笑逐颜开，说："原来是以前的破损。太好了，但原先的资料怎么没有呢？看来他们的工作也有疏忽。"

我说："我们第一天验画时也有疏忽。下次绝对不会出这样的问题。"

上海方面的代表说："冯先生，不要自责了。现在可以说，这样的展览已经太完美了。"

我说："是因为我们没有放松任何一个细节。"

这天，4月11日。春寒突袭，气候挺凉，中午下一点细雨，地上没有任何积水，却刚好压住地面上的灰尘。三时许，海关运画的车已开进天大，直抵学院的院子中央。俟风停雨住，用铲车将画箱搬上集装箱大卡车，关门上锁，缓缓启动。在这一瞬我想起昨天用白宣纸将达·芬奇的《骑士》小心地一层层包上，装入鲜黄的硬夹的那一瞬。我好像在把我自己的珍藏包起来任人割去一般。难道这些大师们与我有这般情义。由何结此情缘呢？

于是，我不觉扬起手来挥了挥，向他们告别。我想，我如果再去佛罗伦萨，我一定去贝利尼博物馆去看看他们——我连每幅画的个性与气息都深深地记住了。待到那时，又会是怎样的感受呢？

　　最美好的生活总是充满想象，同时又没有回答。

春天最初是闻到的·第六章

《收获》的性格

有时，一个信息会惹起一种情怀，比如忽听说《收获》已经55岁了。马上想到这里边包含着的历史的悠长与曲折，此刻的情怀也就来得分外深切。

《收获》半个多世纪的历史，实际上分成两段，中间被"文革"腰斩两段。我是前一段《收获》痴迷的读者，"文革"后我竟成为《收获》复刊后最初的作者之一。这是我青年时不曾想到的。

在作为《收获》的读者时，我只知道它高贵的纯文学的面孔，还有在《收获》里可以读到好小说好文章；后来成为作者时，才体悟到它竟然有一种独自而鲜明的性格。

至今清晰记得1978年中国社会尚未完全解冻之际，我的中篇小说《铺花的歧路》在北京一家出版社里受阻，搁了浅。一天，一个陌生女子的声音在电话里告诉我，她是《收获》的编辑，叫李小林，听到我的小说受困，表示要支持我，叫我尽快把书稿挂号寄给她看。她的声调很高，年轻，有股子激情——那个解冻时代的文学特有的果敢而真诚的激情。这种激情还颇具冲击性地表现在复刊的《收获》上。不久，我的这部小说便与从维熙那部新时期中篇小说的开山重炮《大墙下的红玉兰》，以及张抗抗呼唤人性的《爱的权利》刊发在同一期刊物上。当时收到的读者来信天天塞满信箱。《收获》在我背上这样有力地一

第一次尝到在自己作品上签名的喜悦。

撑一推,使我踏上了当代文学的不归之路。由是而今三十多年来,我把自己在这漫长的文学路上最深的足迹大部分都留在《收获》里了。

当然,不只是我,更有20世纪后二十年站在《收获》上的一大批杰出的作家。王蒙、张贤亮、路遥、邓友梅、陆文夫、谌容、张洁等等,还有年轻一些同样杰出的作家贾平凹、铁凝、马原、王安忆、莫言、余华、迟子建、池莉、苏童、叶兆言、王朔、方方、毕飞宇等等。年轻作家的创造才华把《收获》的活力与魅力带到21世纪。

有人说,《收获》是一部简写本的中国当代文学史。从《收获》可以打开当代文学史吗?但要打开当代文学史一定会打开《收获》。

我有时会去重温过往岁月里的《收获》,体验对它的感觉。在我心里,它不仅仅是一份刊物,一份编得很好的刊物,更不是一家老字号的文化企业;半个多世纪来,《收获》从来不缺有眼光、有品位、有发现力的编辑——这不用多说。重要的是它始终站在当代文坛的激流里,把自己化做一个个有思想和艺术作为的作家的"精神空间"。

它始终自觉地把自己与作家、与文学、与时代合为一体。它对文学有承担意识。

因而，《收获》是执著的、不变的、沉静的。

在长期的不间断的交往中，我喜欢与《收获》的编辑讨论我的稿子，他们反对我时从不客气，但他们会同时侧耳倾听我的理由，当我言之有理，他们便转而欣然。我还喜欢李小林直到发稿前还追问某一个用词是否妥当，我喜欢这样的挑剔文字。我更喜欢他们与我思辨一部书稿时所执的思想立场。每逢此刻，我便感受到《收获》不是一家刊物，而是一位朋友。它视野开阔，且具宽广的艺术包容，同时又有原则、有底线、有恪守、有个性，因而有选择。近些年，《收获》多次遇到经济困扰时，从没有"入世随俗"，卖身投靠"市场"，因故始终坚守着自己在文坛纯正的文学期刊标志性的位置。

我想，这一定缘自《收获》的创办人巴金先生。

我曾经写过这样一句话"感谢巴老与冰心的长寿，使我们一代能够真切地感受'五四'活着的生命与灵魂"。巴老以《随想录》把"五四"与当代文学紧紧连成一线，以《收获》把"五四"与当代文学的精神连为一体。这里所说的"五四"便是知识分子的良知、勇气、真诚、道义与责任；这里说的勇气，当然不只是艺术勇气，更重要的是思想勇气。

近十年，我被全球化带来的"文明的困境"拉到写作的边缘。一天，又是听从来自《收获》的意见：为什么不把你在田野大地上的种种发现与感动用散文随笔方式写下来。告诉你的读者？因之才有了近几年在《收获》开辟的"行动散文"的专栏。我用我之所长的文学方式，传播我对中华文明当代困境前沿的感知与思索，同时使我没有疏离了心爱的文学与写作。谁会为一个作家的写作生命着想？

唯有《收获》。

我想，每个与《收获》有交情的作家，都会与这个真正的文学上的朋友一直做伴走下去。

文学翻译的两个传统

中国人时兴读翻译成中文的外国文学只有一百多年的历史。然而，对于中国社会来说，翻译文学的出现，却是由封闭走向开放的重要文化象征。可以说，一开始它就担负着对国民思想启蒙的时代重任。被称作"中国翻译第一人"的林纾先生曾自称为"叫旦之鸡"，明确地把译介西方进步文学作为呼唤国民觉醒的手段。尤其是五四运动时期，几乎所有重要的作家都动手来做文学翻译。从鲁迅、茅盾、巴金、郭沫若到冰心、胡适、郑振铎、周作人等等。但在他们手里，翻译并不是一种职业，而是一种精神事业。他们一只手为社会为思想而写作，另一只手则用翻译从西方把那些民主的、人道主义的、富于批判精神的文学名著当做先进的思想武器搬进中国。尤其是苏俄的革命文学，成了那个时代苦苦寻找中国出路的青年一代的精神指南。我曾见过徐迟先生在1945年在重庆翻译出版的一本英国人莫德写的托尔斯泰的传记。那时抗战正紧，纸张奇缺，人力财力匮乏，他译的这本书厚达五百页，很难出版。但他坚持将前边的一百多页先印出来，取名叫做《青年托尔斯泰》。这本薄薄的书纸张又黑又糙，有的书页油墨洇透到背面，字迹很难辨认。但徐迟执意说他这样做，是为了探索一颗"深邃而伟大的灵魂"。这是那个时代的需要。那时的文学翻译有着明确的目标乃至信仰，即为国民的精神而工作。

草婴先生曾对我说,"文革"结束后上海一位出版界的领导找他谈话,要他担任译文出版社的总编辑,但被他拒绝了。因为他刚刚经历了那黑暗又残忍的十年,知道国民精神中缺失什么。他决心要把充满人性力量和人道主义精神的托尔斯泰的作品全部翻译出来,以影响国人。

为了精神而翻译——这是我国翻译文学的一个优良的传统。

这个传统同样表现在20世纪80年代对西方一些哲学、社会学名著的译介上。这些译作对当时的思想解放与社会开放起了巨大推动作用。可是到了今天,当图书出版被彻底市场化、书籍成了物化的商品之后,我们还会像当年传递火种那样选择作品来翻译吗?

我国的翻译文学还有另一个传统就是对经典性的追求。

由于翻译文学崛起时正处于新文学运动高潮中,又多经作家们的手笔,作家们还有明确的"信、达、雅"(严复)的标准追求,使得翻译文学一开始就有了很高的文学质量。而那时,知识界正在提倡白话文运动。一方面使得翻译语言有着非常广阔的天地;另一方面,通过这些充满思想魅力的外来的文学,反过来给白话文运动以极大的推动。

中国的近代是翻译文学的黄金时代。前不久,我在天津大学北洋美术馆里举办一个俄罗斯文学在中国的版本展,上千版本排开一看,大翻译家们竟如满天星斗。在近百年中国文学的大地上,翻译文学好比长江大河。想想看,倘若没有翻译文学,近现代中国文学会是什么样子?一个可贵的情况是,往往一个翻译家专门翻译一个或两个外国作家的作品。他们倾尽一生之力,从作品的文本到作家的文本,从研究到翻译——这样的译本一定会得其"神"的。记得20世纪80年代百废俱兴那个时代,一家出版社要重新出版俄罗斯作家契诃夫的小说,由于一些枝节问题与公认契诃夫小说最好的翻译家汝龙先生谈不拢,便想另起炉灶,换别人来译,遂从契诃夫小说中选取《套中人》和《小公务员之死》两篇,约请几位俄文译者同时来译,以从中选优。待译好一看,皆与汝龙的译本差之千里。仿佛这两篇不是契诃夫写的了。契诃夫那种天性的灵透、温情、深挚与那种淡淡的感伤,好像只在汝龙的字里行间里。无奈，还得回过头来找汝龙先生。

许多外国作家在中国都是幸运地有这样一位天才的翻译家，因而才有了千千万万读者。在好的译本中，翻译家与外国作家是"同一个人"，不仅语言和语感，连生命气质也息息相通。他们就像那些外国作家的"化身"。比如托尔斯泰和草婴、果戈理和满涛、巴尔扎克与罗曼·罗兰和傅雷、雨果和李丹、莎士比亚和朱生豪、泰戈尔和冰心、马克·吐温和张友松、塞万提斯和杨绛等等；屠格涅夫的"化身"多一点，有巴金、萧珊、丰子恺、丽尼等。这些译本既是人类的财富也是中国文学的财富，它们早已是中国文学的一部分了。读世界文学的经典是必须要挑选版本的，就像听古典音乐，要挑选乐队和演奏家。

然而在当今市场乱糟糟的炒作中，这种传统被忽视了。这些年除去韩少功精译的米兰·昆德拉的《生命不能承受之轻》外，很少再有作家涉足翻译。大概由于当代作家的外语都较差，再有便是翻译的职业化。翻译一旦职业化和工具化，图书市场的畅销与盈利的至上便主导一切。一本在国外乍热起来的畅销书或刚刚爆出媒体的诺奖作品，马上就成为出版社疯抢的香饽饽。一旦抢到手，随即腰斩几段分给几位译者，争分夺秒译出来，再请一位高手飞速地"顺"上两遍，马上出版上市。这种及时"打造"出来的翻译作品一定畅销，也一定在质量上大打折扣。因此，已经很长时间读不到关于好译本的书评了。译本的优劣似乎已不重要。比如在对戴聪译的巴别尔的《骑兵军》好评如潮中，没有一篇赞美译笔的诗境与语言精致的质感。这也是当前文化粗鄙化的表现之一。

商业文化的特征是不要经典。或者说商业文化多追求物质的精致，但很少追求精神的精致。那么对精神精致与深邃的追求落到谁的肩上了呢？比方翻译文学，谁来继承百年翻译史的两个优秀的传统——即为了精神的传统与追求经典的传统。

光荣的万号

刚刚听说《今晚报》自1984年复刊，迄今出刊已臻万号。这虽不是那种要张灯结彩的"周年庆"，却令人——尤其令我一阵激动与感动。这大概由于我与这份全国知名的晚报关系非比寻常，可以写本书，然其中之深切唯我心知。

大概很少人知道，我最初的写作生涯是从《今晚报》（那时称《天津晚报》）开始的。我真正从事文学是"文革"后，但最初刊在晚报上的一些文章如写林风眠的画、回回图、山水画中的点景人物等是在1962年和1963年。那时我20岁，距今已近半个世纪。它称得上是我写作的摇篮呢。

"文革"使我的写作中断十几年，待到新时期我自绘画转入文学，继而投入文化抢救这三十年来，我便与复刊后的《今晚报》深深纠结一起。读者对我的讯息、作品、思考、举动，乃至行踪的了解，来得最紧切和直接的便是我家乡这份报纸。《今晚报》的平民化、生活化和它最鲜明的特点——亲切感与人气旺足，使我与老百姓很自然地融为一体。与人民密切相关是作家的生命需求。此外，一边我是《今晚报》的各种活动的志愿者，如报社发起评选津门十景、评选市标、贺岁书的编选等等；另一边《今晚报》又是我一系列重要的文化行动的支持者，从抢救天津老城，保护五大道小洋楼、抢救估衣街、建立老城博物馆，直到在全国许多地方的非遗普查，及至在天津大学建立文学艺术研究院，这份报纸就像一只热烘烘的手有时紧紧与我拉在一起，有时有力地撑着我的后背。

所有事的主角都是人。

三十多年来，从老一辈的报人到今天还在各个岗位上的总编社长编辑记者，共同经过多少难忘的事情与细节？世上最难忘的都是细节。我脱口就能亲切地说出这报社几十位编辑记者的名字。

再说说我为《今晚报》写的文章和发表的文章。先不说副刊，就说体育版。我曾为体育版连续两届世界杯（法国和美国）写专栏，每场球写一篇，从始至终，不曾间断。由于时差缘故，那些比赛都在我们这里的深夜进行，故而我是夜里看球，球停便写，凌晨写好，即刻传真给报社。那时觉得我很像一个勤快又尽职的体育记者。

提到写专栏，更热闹的是为副刊写《海外趣谈》，前后写了七十篇，也是一天一篇，每篇文章还画一幅小小的漫画插图。20世纪80年代，我还没有传真机，都是晚上写好，第二天早晨编辑上班时，骑车先到我家来取稿子，有时是我骑车把稿子送到报社。还有，那时报纸排版是人工铅字排版，插图照相制版。据说，制版工人喜欢我那些幽默好玩的漫画，都留下了。我知道了很高兴，人家喜欢你的画当然高兴。这样，我也就一幅画的原稿也没留下。

我至今在《今晚报》上发表了360多篇文章，除去小说，还有散文、随笔、杂文、散文诗、电视文学剧本、游记、文化批评等等，还有谁为一家报纸写过这么多文章？

反正已经成了习惯。每写文章，只要觉得好，文章又不长，必给晚报。一是为了先给家乡父老们读；一是我已经把"今晚副刊"看做我文字的家园。

写到这里，其实只写到我与晚报关系史的一个开头。接下来写上一个月不就一本书吗？当然，在《今晚报》万字号之际，我想到的不只是与其相关的自己，更有这万字号中编辑记者所付出的心血。不用说采访、编写、组稿、改稿、排版，单说这一万号报纸的文字校对要用多大精力与体力？

　　万字号是一个历史，更是一段非同寻常的工作史的纪念。周年庆是光彩的，万字号是光荣的。我为我曾在其中做过事而感到光荣，而百倍的光荣当属于《今晚报》的报人们。

醒俗画报

几年前，在哈佛大学任教的李欧梵先生来津看我。那时候，他正对清末民初中西文化碰撞时期上海的社会形态发生研究兴趣，因此迷上了那时代上海出版的画报。从早期的《点石斋画报》到后期的《良友画报》，中西交错，色彩斑驳，非鱼非鸟，极是新鲜和奇异。

在我家聊天时，我便拿出20世纪30年代天津出版的《北洋画报》、《玫瑰画报》、《华北电影画报》等给他看。他睁着吃惊的眼望着我说："怎么天津也有这种画报？"我笑而不答，又把一匣《醒俗画报》放在他手中。他失声叫道："这不和上海吴友如的《点石斋画报》一模一样吗？"

于是我说："那时，上海与天津一南一北，同为东西文化相撞前沿的城市，社会形态差不多。从桌球（乒乓球）、玻璃丝袜（丝袜）到小洋楼。凡上海有的，天津也有。"

这一来，他对天津的画报也生了兴趣，死磨硬赖从我手里"抢"走几本《华北电影画报》，还顺手抄走一册印着不少周璇和蓝苹（江青）照片的迷你型的小画刊《玲珑》。

由清末到民初，中国的社会腐败，政治软弱，外侮日切，一些有责任感的文化人便站出来，或兴办教育，或立坛宣讲，或创办报刊，主张铲除社会陋习与种种痼疾，开启民智，振兴中华。在这样的背景下，就不难看出《醒俗画报》中"醒俗"二字的立意了，那便是要把民众从习惯而不自觉的种种陋习中唤醒，承担起共同兴国的重任。

《醒俗画报》和上海的《点石斋画报》一样，都创办于光绪年间，也同样使用单面有光的粉画纸和当时先进的石印技术，方形开本，每本十张折叠页，每页两面印刷，凡二十图，十天一期。刊物一开始就有鲜明特色。它面向大众，内容全是图画新闻，大至时政要事，小到市井信息；识字者看字，不识字者看图，很像大本的"小人书"，物美而价廉，一时颇受欢迎。故而很快就改为五天一期，一月六期。

画报的主办者是几位新学的倡办者。社址设在西北城角自来水公司旁一座小楼内，后迁到城内广东会馆附近的平房里，条件简陋，但主笔却是津门一位知名的文化人陆辛农先生。

陆先生个子不高，为人爽利，能书擅画，喜欢植物学和制作标本，精于小写意花卉。记得我年轻时在国画研究会工作，见过他几次。他年事虽高，说话朗朗有声，十分健谈，喜欢开怀大笑。他对津门掌故知之颇多，常在报端发表文章，笔名"老辛"。文章中怀古论今，总是包含许多珍贵的史料细节，观点也很开放，他属于那个时代的开明人士。因而他主编的《醒俗画报》，自然是内容鲜活，视野开阔了。

《醒俗画报》还邀请一位名叫陈恭甫的画家作图。陈先生是一位市井名家，善画时装人物。这在当时充斥古装仕女和山水花鸟的画坛上是很难得的。陈恭甫的画很写实。他虽然不像上海吴友如那样精工细致，却密切配合新闻，画得很快，半工半写，但极有生活气息。在今天看来，画中许多场面，都是今日再难见到的历史生活的图景。

《醒俗画报》具有很强的批评性，这是上海的《点石斋画报》所不具备的。它始自创刊，每期封面都是一幅"讽画"。用辛辣而幽默的笔法，鞭挞丑恶，抨击时弊，特别是直接针砭官场的种种腐败，在当时是颇需要勇气和胆量的。这些直接介入生活与现实的办刊方针，贴近了百姓的所思所想，自然受到世人的欢迎。尤其当时"漫画"一词尚未流行，讽画应是最具时代精神的新型画种。

也正为此，《醒俗画报》经历了一次很大的挫折。

1908年初夏，成亲王之子载振赴黑龙江视察而途经津门，天津南段警察局长段芝贵为了谋求黑龙江巡抚职务，用巨金买伶人杨翠喜向载振行贿。这桩"美人贿赂案"惊爆于世后，津门画家张瘦虎画了一幅讽画名为《升官图》——这应是中国漫画史第一幅反腐败的漫画了。他投稿给《醒俗画报》，揭露这一丑闻。刊物的主办人吴子洲胆小怕事，阻挠这一图画新闻的发表，因之主笔陆辛农与另一刊物主办人温子英愤然而去。一时此事也成了新闻。

后来，解体后的《醒俗画报》改名为《醒华画报》。馆址迁至当时的奥租界大马路（今建国道）。办刊的方针并没有改变，一直坚持着《醒俗画报》创刊以来锐意批评的思想倾向。尤其是在图画新闻上的自由评点，犀利而尖刻，为全国任何同类刊物所不及。此外，还增加了绘图小说、科技常识、趣味猜谜等内容，更符合大众生活的需求。至于封面图案，一直采用讽画，风格一如既往。《醒华画报》的寿命不短，从清末跨时代地一直办到民国初年（1913）。

陆辛农与温子英离去后，在日租界旭街德庆里内另办一份《人镜画报》，开本比《醒华画报》略略横长一点，只是文字采用了新式的铅字印刷。办刊主张和《醒俗画报》没有两样，也是用讽画来做封面，只是增加了文字版面，更适合识字的人阅读。相对平民性也就差一些。

这样，一时天津就有了两份画刊——《醒华画报》与《人镜画报》。

在中国封建时代的最后几年，天津出现的这些画报，显示了这个城市文化人对国家命运的关切，以及自愿担当的唤醒民众的责任，而且敢写敢画，富于勇气。今日读了，仍心生敬佩。

丝绸之路上的敦煌

19世纪末，中国西部绝无人迹的"死亡之海"，忽然出现一个个西方探险者的身影。这些身影时而被卷入剧烈的沙暴中。（在干涸的河谷中艰难跋涉的斯文·赫定、揉着被风沙迷了眼的勒柯克、在汉长城烽火台下挖掘灰堆的斯坦因）

在那些荒芜倾圮的古城和寺庙的遗址中，他们可以到处捡拾到古代的遗珍。历史曾经达到怎样的辉煌，并在匆匆离去时把这些天价的珍宝连同一个巨大的谜扔在这里？（高昌、楼兰、尼雅。伯希和在吐木休克废墟中，不经意间用鞭杆掘出一尊希腊风格的佛像）

他们自西而东。一条漫长的无头无尾的古道在他们的脚下依稀可辨。其中一段路竟然深陷下去一尺多深，令人惊异。这样荒僻的地方怎么会有如此一条道路。多少人多少车辆在这道路上走了多少年，才能留下如此深刻的奇观。这条路从哪儿通向哪儿。

（荒漠中丝路的遗迹）

从公元前250年到公元1000年，地球上的几大文明同时发出耀眼的光彩。中国的汉唐盛世，西方的罗马帝国，还有中亚的波斯和印度。（动画图示丝绸之路及其走向）

鼎盛期的文明具有巨大的张力。输出与吸收的同时，带来交流与传播。在航海时代到来之前，地球上的交流在陆地。几大文明之间经过长久的相互的寻问与摸索——

尼罗河文明、两河流域文明和欧洲大陆文明穿过伊朗高原和印度大地蜿蜒向东。

中华文明一直强劲地向西。文明与文明之间好像是有"第六感"的，我们对遥远的西边那些奇异而未知文明似乎早已感应到了。后来最著名的行动是汉武帝派张骞出使西域。

几大文明渐渐拉起手来。形成了这条人类共同开拓出来的一条贯穿欧亚大陆伟大的路——丝绸之路。

最早使用"丝绸之路"这一概念的是德国地理学家李希霍芬。他把往返于西域的各国商队所走的路叫做"丝绸之路"。他之所以用"丝绸"称呼这条路，可能源于最早到达西方并使之倾倒的，就是中国的丝绸。（公元前48年的罗马，恺撒大帝在战胜庞培的祝捷宴上，突然脱去外套，露出华美轻柔的丝绸长袍，令所有人惊呆）

这条路，曾使几大文明互通有无，彼此受益，共同发展。（耀眼的绿洲、狂奔的野马、清沏的河流、金色的胡杨和慢吞吞的商旅）

迢迢数万里的丝绸之路抵达当时中国的第一个入口就是敦煌。

一座大名鼎鼎的西部边城。早在公元前111年就是汉王朝扼守河西走廊最前沿的重镇。经常出现在古代诗篇中充满魅力的两个地名——阳关和玉门关都在敦煌。

无论是从西域而来的异国奇珍，还是从中原输出的华夏瑰宝，都从这里进出。

（情景再现。当时的阳关、玉门关和敦煌）

从文化上说，这里一定是中外文化碰撞出火花的地方。

如今，我们在什么地方还能看到这些几千年前的历史火花呢？（首次隐约地出现敦煌莫高窟形象）

最灿烂的火花是精神的火花。丝绸之路给中国人最深刻的精神影响是佛教。早在公元1世纪，来自印度和尼泊尔的商旅就把佛教带进中国。继而传教活动随之而来。

（丝绸之路的"情景再现"，驼铃和中亚风格的音乐声中的胡商、各国使臣、蒙着面纱的僧侣沙门，以及驼背上的织物、葡萄、石榴、琵琶、动物和佛像等）

缘自信徒们对礼佛场所的需求，丝路沿途开始兴建寺观和开凿石窟，纷纷为佛造像，以壁画弘扬佛教的精神。（克孜尔石窟、库木吐喇石窟、新疆古城中的寺庙遗址等）

公元366年，一位名叫乐僔的和尚，登上敦煌南面的鸣沙山。他被这里神奇的山水吸引住。忽然，他看到眼前的三危山顶放射金光，好像千佛降临，他感到一种神示。认定这里是一块佛教的圣地。

于是，他在鸣沙山沿河的陡壁上开凿第一个洞窟。由此，人类历史上规模最宏伟的艺术宝库就此诞生。

（再次隐约出现敦煌莫高窟的形象）

佛教及其艺术从它的本土印度一步入中国，就开始了中国化的过程。

先是在西域，接受了那里的多民族共有的地域文化的改造，形成其特有的西域风格的佛教艺术。

然后进入敦煌，立即就遭遇到更加巨大又强劲的文化碰撞，迸发出无比璀璨的艺术景象。

敦煌的文化本身就是奇特的：一方面是源源不断来自中原的汉文化；一方面是那些驰骋在辽阔的西北大地上气质独特的少数民族的文化。比如鲜卑、党项、吐蕃、回鹘、蒙古等等。他们多数曾称雄于敦煌。

（莫高窟285窟的西魏王族、莫高窟61窟的于阗王后、榆林窟39窟的回鹘贵族、莫高窟454窟的吐蕃贵族、榆林窟29窟的西夏武官等）

这种多民族的、北方气质的中华文化对舶来的佛教文化一边改造一边融会。外来的文化只有被改造，才能被融会吸收。就像食物只有被消化，才能进入到我们的肌体里。（带一些印度元素的盛唐的壁画

在丝绸之路上奔波。

与雕塑）

原本是僵硬地在佛天奔突的天龙八部中的乾闼婆、紧那罗，到了敦煌的洞窟便渐渐演化成千姿万态轻盈飘逸的飞天了。（各个时期和各种飞天的形象飞舞飘翔）

原本有些木讷的男性菩萨，经过数百年的改造，胡子被摘去了，竟然演变成带着微笑的仁慈的女性菩萨了。（从南北朝、隋、唐到宋代的菩萨形象）

连佛的形象也渐渐善解人意。陌生的佛陀面孔日益为人们所熟悉、所接受。（众多佛陀的塑像）

当佛教的中国化完成了，佛教便成了中国的宗教。

佛教的中国化，实际上是中国人对佛教的理想化。在中国，这种佛国的理想，最终是人间理想的一种极致。

这一切，在敦煌石窟都看得一清二楚。

于是，极尽想象、美轮美奂、西天佛国的极乐世界在一个又一个洞窟中被创造出来。（莫高窟220窟、145窟、172窟、158窟、112窟等）

出于一种将自己与理想的天地拉近的心理，现世的生活、人间的礼俗、舶来新奇的事物，都被有意无意地画到画中。（壁画中的耕地、播种、扬粪土、收割、舂米、归仓、各种牲畜、各种武器、各种工具与机械、各种车辆、各种习俗、各种服装、各种乐器，以及无穷无尽的众生相）

谁能说出敦煌壁画中记载着多少历史信息、宗教信息、经济信息、地理信息、中外交流信息、科学发明信息、生活百科信息？

（重点细节：牙刷、胸式挽具、马镫、榆林窟第三窟"千手千眼观音变"和玄奘西行）

外边是烈日炎炎的戈壁大漠，洞窟里边漆黑一团。

一支毛笔在依稀的灯光里流畅而下，一条长长的神奇美妙的线条从笔尖吐了出来。在敦煌石窟里，画工们一手端着油灯和颜料石，一手执笔作画。

敦煌最伟大的功臣是民间画工、塑工和石匠。然而，他们之中除去几个偶然和不经意间留下姓名，其余全是默默无闻。你现在看到整个洞窟的画，是因为洞里打了灯光。你是否知道，当初在洞窟里作画的画工，谁都不知道自己画满了的洞窟是什么样子的？（壁画上史小玉、平咄子、温如秀、汜定金、雷祥吉的名字）

自南北朝以来，一代代画工，总共多少画工在这里作画，谁能说清？

然而，就是这些纯粹的草根天才，成千上万具有绝世才华的画工塑匠，给我们留下了这样一座放满艺术极品的无与伦比的艺术圣殿。

敦煌石窟包括莫高窟、榆林窟、东千佛洞、西千佛洞、老爷庙五处石窟群。流传至今812个，彩塑2000多身，壁画45000平米，如果放在大地上展开，得有几十公里！世界上什么地方还有如此浩瀚的绘画？历经千年，多经战乱，特别是到了15世纪后，人类的文明交流转移到波涛汹涌的大海，陆地上的丝绸之路走向消亡。莫高窟渐渐淡出人们的生活甚至记忆，不少洞窟已经被黄沙埋没了。（蓝色的大海淹

没丝路。老照片上荒废的莫高窟）

直到20世纪初，由于传奇性的藏经洞事件，它才重现于人们的视野中。那时候，人们感觉它像是从天上掉下来的。然而，它能如此超大规模、完美地保存着，真是一个莫名的奇迹，一个无边的幸运，一个梦一样的现实。（这一次，敦煌莫高窟呈现出清晰而夺目的形象）

无法数计的艺术杰作，大量的历史经典，浩如烟海、浪漫迷人的艺术形象，以及它们体现的深邃的宗教思想，厚重的文化背景和难以穷尽的历史信息，使得它永远在地球东方散发着文明的光彩。

人类永远因它而骄傲。它是全人类共有和共享的遗产。

春天最初是闻到的·第七章

《灵性》序

出于写作的本性，我的灵感常常是一些句子。我喜欢一个漂亮的句子冒出来那种感觉。无论是诗样的片断，还是哲思般的警句；都不是思维的结果，不是苦心孤诣的营造，不是虚拟的美文；而是来自灵魂深处的一种生发，一种流泻和创造。

特别是夜深人静，功利心变得淡泊，生命感忽然强烈，竞争的社会渐渐远去，超时空的宇宙无边无际地展现开来，整个身心沉入一种博大又清澈的境界里。这时，我的对话者不再是百家姓中的任何一位，而换作历史、人类、人生、先辈、神、自己、大自然的四季与万千生灵……它们的形象神奇动人，我的话语自然也就变得无限美妙，通彻透明，充满灵性，好似带着天赐和神示的意味，以致过后不知道当初怎样产生的。我为自己而惊讶，也为自己迷惑不解。然而艺术中最闪亮的那部分的产生，不都是这样意外与幸运吗？写作最大的快感不正是灵性忽至的那一瞬吗？

我习惯在床头和案头放一些纸片，随手记下那些忽然掠过脑袋的思想与心灵的片断。当时并没有把这当做写作。现在整理出来，竟成一本书。如果用"生命的真实"这样的标准来衡量，它的分量并不亚于一本刻意写的大书。

它是我精神海洋的一颗颗珍珠。因为它有诗的因素，故而容不得一字的多余。

　　它最初并不是为别人写的，而是为自己记下来的。多谢黎巴嫩的诗人纪伯伦和印度诗人泰戈尔告诉我，这种诗样和格言般的句子是一种极自由的文学样式，并称之为"散文诗"，因使我这些精神的羽毛不至于飘散和流失。

　　曾在十五年前我以一种口袋书的形式，把手边的一些心爱的只言片语，整理出来，刊行于世，一时一些短句如"爱比被爱幸福"、"你的敌人就是你自己"、"艺术的本质是把瞬间变为永恒"等，曾被以各种形式借用和使用。但这已成为过去。此后再未结集。本世纪以来，网络盛行，随手便将这种偶然所得，陆续刊布在新浪网我的博客中。谁料竟得到网友们十分热情的关注，留下无数感言与我交流。我日日忙碌，难以回复，因生出继续编印成书之想。幸运的是，我一直敬重的三联书店帮助我把这一想法化为现实。

　　为使本书更接近理想，还将近期的画作置入其间。我的画亦多缘自灵性。斯文斯画合为一体，相容相生，以期给读者更丰盈的"灵性"的感受吧。

游记的立场

游记是我最喜欢的文体之一,尤其是域外游记。

"游"的最大快乐是遭遇,"记"的意义是把这快乐记录和保留下来。然而,为什么把遭遇视为快乐呢?什么样的遭遇可以成为快乐?

这里所说的遭遇,不是邂逅旧友熟人,或重逢阔别已久的事物,而是突然进入一片不曾见过的全然一新的天地。无论是风光、面孔、文字、语言,还是习俗、审美、生活与思维的方式;这种遭遇让你亮起眸子,竖起耳朵,敞开心怀,感觉空前的鲜活。然后,陷入思索这一切为什么与自己不同。由此说,"游"的快乐是遭遇不同。

世上最大的不同是两样,一是人的不同,一是文化的不同。人的不同多半也与文化相关。然而正是文化的不同,人类的智慧才丰富,思维才多样,大脑才多面立体,文明创造才多元灿烂。故而,文化的视点是我游记的立场。即从文化上去发现不同、感知不同和享受不同。

因此说,游记所写的,不仅是耳闻目见,更是所思所想。文学的血肉是形而下,文学的灵魂是形而上。写作的能力表现在形而下方面有多少独特的感受,在形而上方面有哪些思想发现。这也是我写游记时给自己设置的标准。

还有一个立场是我不能拒绝的,就是审美的立场。对艺术的偏好使我不自觉总从审美的角度去选择生活和发现生活。美常常是一种文明的外化与表达。往往从美的入口进去，便可以找到另一种文明独特的本质；于是，表述美和解读美是我在游记中常用的方式。

三十年来，我的域外游记超过一百万字，本丛书从中选编四种，全是个人的偏爱。每集为一个国家或一个城市，以凸显其文化个性和情味，并使到访过这些国度的读者得以一种深度的重温，也给未曾趋访的读者一点类似我经验过的快乐的遭遇吧。

是为序。

折下生命之树的一枝

今日写作之于我，愈来愈必要。这里说的写作，不是小说，而是关于文化遗产及其保护问题的各类文章。我的对手无比巨大无比强大，以致常常感觉自己如螳臂当车，脆弱无力，束手无措。我是不是逆社会的潮流而动？但在我坚信自己的思想不谬并一定会被明天认可时，决不会放弃现在的所作所为，并把"坚守"二字视做自己心灵的重心。

于是，我调动自己的一切可能。比如演讲、呼吁、游说、组织各种文化行动，还有我原有的擅长——写作，竭尽全力去与全球化横扫一切的狂潮相抗。我这种写作也是多类的。有学术性的探究，也有抨击时弊的思想批评，再有则是本书中这类文章。以一种散文化的笔法，记下在田野大地考察时所见所闻所感所思。这种写作多缘自一种情怀与感悟，文字中自然生出一些文学的意味。然而，这并非文人的自我抒发，而是要与读者共享这些隐藏在大地深处的迷人的文化。如果能唤起更多人对这些文化的爱意，则更是我的期望。

先前写这些文章比较零碎，直到2004年《收获》杂志主编李小林约我写这样一个专栏才刻意于一种将散文、随笔、思想批评以及文化研究融为一体的文本。我不是写文化游记，必须涉入一些文化学和遗产学的发现与思索，故而这个专栏名为"田野档案"。然而，写专栏这一年真的苦了我。专栏必须期期都有，不能"缺席"。我在天南海北的奔波中，不管怎样疲惫，也要硬割下一些时间来写作，就像我说的"从那一年切下一块自己的生命蛋糕"。此后，我把这一年专栏文章，合为一册，取名为《民间灵气》，交给作家出版社出版。当新书散着纸页与油墨的香味捧在手中，感觉好多了，庆幸这一年总是多了一件写作上的成果；但同时暗下决心，不再为《收获》写这种专栏了。

两年过后，李小林又来叫我写这类专栏。谁料这次我竟然忘记当年自己下的决心，答应再开专栏。其缘故，是近两年间我的见闻与感受奇特又深切，而且太多太多，无限美好地拥满我的心。感受是作家的天性，非文学的笔触不能表达。再有，我三十年来主要的作品大多给了《收获》。《收获》最能唤起我对文学的依恋，我把《收获》的约稿视作对我这个文学浪子的召唤。于是，再次应小林之邀，从我今年的生命之树再折下一枝来。

尽管当下中国文化的商品化在加剧，遗产抢救与保护较之以往更加令人心焦，但每当我坐在书桌前写这些文字时，近年来种种发现、思考以及心灵的感应一如潮水激涌到书案上来。

应该说，这两年间我跑过的、见过的、想过的，较之现在写在这本书里的，不足十分之一，但我是时间的乞丐，只能选赤抛朱，择其精要，亦割爱良多。我真想备份出一个自己，专写这类文章和这些珍奇美好又鲜为人知的文化。我喜欢这种写作。

为使读者直观地见到这些文化的本身，刻意采用这种插图性的文本。书中许多图片都是我的珍藏，亟堪宝贵。为使本书与当年那本《民间灵气》具有一致性，仍交由作家出版社出版。本书取名为《乡土精神》，以表达我对文化遗产本质的理解，那就是——

不要以为人们在田野大地上只求耕种与温饱，人们更需要坚实有力的精神生活。没人给他们精神，这精神是人们在自己的心灵中创造出来的，并给它穿上民俗民艺美丽的衣衫，用以安慰自己的生命，补偿自己的命运，消解现实强加给自己的苦难，并使生活有滋有味。

再版是一种幸运

书是有生命的。它和人一样，有出生年月，重量，模样，籍贯，父母（作者）和关切它的亲人——读者，而且其生命也有长有短，各有曲折，彼此不同。

有的书诞生之后即如石沉大海，不见踪影，渺无声息；有的则光鲜地活着，但活下来的未必都能长久，过一阵子或过一段时候竟然无缘无故地消匿于无形，随即被人忘却；历史的忘却极是绝情。

因此说，再版是一种幸运。只有不断地再版，图书的生命才能延续。干脆说吧——再版有如再生。

然而，书的生命与人的生命也有一些不同。人如果出了毛病，活着痛苦，可以打针吃药，甚至动用手术，来起死回生；可是一本书要是没人看了，千方百计也救不活。在新书刚出版时，各种精明的炒作手段都能使上劲，可是对于没人看的旧书老书可就无济于事了。谁也帮不上忙，怎么折腾也没用。

有人说，重要的是看你写得如何。这话有理。倘若唐诗写得不行，今天谁还去读？然而这只是道理的一个方面。另一方面是，不少好的文字、好的文章、好的书，生不逢时，未被注意，也就埋没过去了。如果《浮生六记》不是被人偶然在"冷摊"上发现，谁会知道这本书？原来，图书不但有生命，还有命运。说来说去，书又和人一样了。

现在说说我这本再版的《人类的敦煌》，它的命运究竟如何？

最初，是应邀为中央电视台写的一部关于敦煌的大型文化片的脚本。虽说我一直关注与思考着敦煌，可是待我将其他工作推开，一头扎进去，便像掉进宇宙的黑洞里——它深不见底，浩无际涯，又有无比巨大的磁力与魅力。那时，我真想撇开电视脚本，写一本关于敦煌研究的书。太多的感悟与思辨使我充满写作的激情。然而，我必须先兑现了对中央电视台的承诺。我想出个好办法，我把自己假想为这部电视片的解说人，以个人之口阐述我对敦煌的历史、文化与艺术之己见，这样便可将我本人种种思辨与观点直了了地放进去。我还决定采用文学笔法，因为文学的立场是个性的主观的立场，在文字上又是审美的。如此写作，这个"脚本"基本上就是一部长篇的文化散文了，或是用文学笔法写的一本敦煌史。

文稿完成后，由于这部电视片的导演文化的功底有限，总觉得自己力不从心，剧本便搁下了，友人们以为我要白忙了差不多一年的时间，谁想我这种文学化和个人化的"脚本"反倒可以印成一本书——文学的书，文化的书，谁料一连出了多版。

进一步，这本书的写作还使我受益匪浅。

一是，它促使我在精神上接受一次中国文化醍醐灌顶般的洗礼。近代中国的文化人，有几人没有伸手触摸过敦煌的？而且，只要你对它使用每一分的劲，就一定十倍地受益于它。

二是，敦煌的"发现史"，是中国知识分子首次集体和自觉的文化抢救行动。在这一行动中所表现的文化良知与文化责任，直接影响着我20世纪最后几年城市文化保护与21世纪以来民间文化抢救的举动。我承认，我自觉地接受了那一代中国知识分子的文化精神与情怀。

这本书对于我个人很重要。倘若它同时仍然被读者所关心、所阅读，才更重要。因此说，再版是这部书的幸运，更是我的幸运。

是为序。

《爱犬的天堂》短序

依照一个特定的主题选编一本书的好处是，可以从另一角度审视自己的作品。就像这本书——小动物们是这里每一篇作品的主人公。我便可以检查一下自己的动物观了。

当本丛书主编赵丽宏先生下"死命令"，叫我选编这本书时，我还以为自己写过不少动物题材的小说或散文呢。待翻检过自己的"作品库"，方才明白，无论篇目还是字数，都是寥寥无多。我还发现，我所写的这些小动物们——麻雀呀、狗呀、马呀、马蜂呀，看似在写它们的命运，实际上影射与关照的还是人。这也许是当代中国作家面临的特殊的现实——人的重重困境（无论是外部的困扰还是内心的困惑）都迫使你的目光无法离开人。

然而，在这样的写作中，自然也会用心去体味每一个小动物的境遇。爱意也就生发出来，投射在这些小生命中。由此我明白人性不只对人。人性是对一切生命而言的。

这便是我编选这本书时一个意外的收获。这里，我把它当做一种礼物送给亲爱的读者们。

关于散文写作的十一个提问

一问：1990年以后，出现了前所未有的"散文热"、"女性散文"、"大文化散文"、"先锋散文"、"后散文"、报纸副刊散文以及网络散文等——各式各样的散文纷争并起。对于这种散文热的现象，你如何看？

答：由于文化的市场化，对这种一波未平、一波又起的"散文热"，要格外小心。它可能是商家导演的一种"商业造势"。当然，也可能是另一种"文化造势"，那是文坛的老毛病。喜欢名义，喜欢旗号，喜欢弄潮，喜欢有来头和由头。似乎这样可以乘风而起，人多势众，风头一时。往往"热"过之后，烟消云散了，留下的只是一片荒芜。其实散文最要平常心。一部小说可以闹得"惊天动地"，一篇散文却不会，散文没有那么大的体量和能量。

二问：当前的散文创作，你认为存在哪些值得注意的问题？

答：相互重复，造作而不自然，编造情感——这是最可怕的。

三问：一条小鱼长大了，再也无法在鱼缸里生存。它被放进大海。但是从此后，这条鱼很烦恼，因为它再也没有撞过鱼缸壁。这个鱼缸壁，就是以往人们所定义的散文。以你的创作实践为标准，请重新定义"什么是散文"，谈一谈你对散文的基本认识？

答：小鱼儿碰到了自己的心灵，碰到了语言的灵性和自己的个性美，就碰到了散文的缸壁。小说更属于社会，散文更属于自己。但如今的小说在努力私人化，散文却致力于包罗万象而不堪重负。关于散文的定义，可能每个人都有一个说法。我想，不管怎么说，也离不开一句话：散文是抒发心灵的文字。如果再简一点，就是：散文是心灵的文字。由此来区别散文和随笔，即散文属于心灵，随笔属于大脑。散文源自心灵，随笔来自思考。散文更多情感色彩，随笔更多思辨成分。

四问："散文热"促进了散文的多元化发展；同时，散文的多元化，使得众多的写作者、读者对"什么是好散文"陷入了迷思。请你谈谈，一篇好散文的判断标准是什么？

答：第一，题材的发现性；第二，没有人使用过的细节；第三，语言讲究，有一些好句子。上边说的第一，表现作家对生活独特的视角；第二，表现作家对生活观察的敏锐与深度；第三，表现作家的文学（语言）才能。

五问：当前的创作中，散文的审美特性在哪里？它通过什么独特的途径，去抓住和表现我们这个时代的复杂经验？它怎么能够变成一种真正面对我们自身经验、面对我们自身灵魂的这么一种语言方式？这种语言方式又和小说、诗歌有何不同？

答：小说经常需要散文的片断，但散文不能有小说的片断。诗歌不能用散文的语言，散文却需要冒出诗的句子。

小说中的叙述者常常是虚构的，不是作家本人，所以小说的文本语言常常是虚构的叙述者的个性语言，不是作家本人的语言。但散文的语言只能是作家自己的。再有，在语言之外，支撑小说的是情节，支撑散文的是细节。需要说明的是，散文并不完全排斥虚构。它不能像小说那样虚构事件和人物，但可以虚构情境与气氛。虚构不是编造而是一种创造。虚构服从作家内心的需要，同时服从审美的需要。

六问：对你影响最大的散文家是谁？（中外不限，人数1—3名）你最喜欢的他的作品是什么？你为什么喜欢它？

答：作家1：屠格涅夫。作品：《猎人笔记》（丰子恺的译本）。理由：我们所记忆的人生都是片段性的。好的散文表现在一些好的片段上。这部《猎人笔记》充满无数好的片段——片段而迷人的生活与风景。

作家2：苏轼。作品：《前赤壁赋》。理由：具有诗性和画意。实际上我国古代许多杰出的散文都具有诗性和画意。他们从这种诗性与画意出发去感受、升华与表述生活。苏轼告诉我们，把生活变为艺术不是在写作中，而是从感受生活时就开始了。

作家3：鲁迅。作品：《朝花夕拾》。理由：审美化的人生意境是一种很高贵的文学性。

七问：在文学发展史上，有一个很有趣的现象，一些作家，一人多面，既是诗人，又是小说家，还兼及创作散文。你怎样看待这种跨文体写作的现象？

答：一种体裁或形式只适于表现某一种东西。表达另一种东西，就必须使用另一种文学体裁与形式。文体不应该是作家的障碍，只会帮助和成全作家充分地表达自己。

八问：如今的散文创作，已经突破了主题的单一性，向多主题、变奏和协奏曲发展。你认为，这是21世纪散文的创作发展方向吗？前景如何？

答：是的。如今散文走向自由，它拥有更多可能。但我们无法为散文规定和预测"发展方向"，真正影响散文流变的是生活的改变与时代历史的变迁，还有读者审美的转变。谈到我们所期望的散文盛景时，我想，撑起一块晴天的是伞，撑出一片巨大的散文风景还需要几位散文大家的出现。

九问：这是一个关于读书的问题。有一座海上孤岛，风光秀美，请你去度假半年，在这座孤岛上，你衣食无忧，生活富足。但很遗憾，那里再也没有其他人与你交流。为保证享有自由的精神生活，你可以带一本（仅一本）自己喜欢的散文书。你会带哪一本书？

答：书名《浮生六记》。

十问：为什么带这本书？

答：可以反复地看。似诗、亦画，读来释然，唤起浮想，一字一句都能推敲和咀嚼。中国的文学史，诗的成熟在先，散文在后。散文受诗的影响，颇讲究"炼字"，也就是讲究单个字的运用。汉语散文之精深也在于此。不像当今散文写作，一写一大片，过后记不住。

十一问：在你已完成的散文中，你最喜欢的是哪几篇（仅1—3篇）？为什么？

答：作品1：《珍珠鸟》。理由：从中可看到自己的追求，即将境界视为上。无论是人生境界还是审美境界。

作品2：《书桌》。理由：许多片断都是我的画。能否用文字表现出内心的画面，是我判断自己散文成败的标准之一。

作品3：《致大海》。理由：我很少读自己的散文。但这篇不知读了多少次。每次读它的感觉都像又回到活生生的冰心的面前。

作品4：《癸未手记》。理由：为了写出我在文化普查和田野作业中复杂的感受、体验与思考，我尝试将散文、随笔及学术性的研究文字融为一体。我觉得这种文体恰好为我所用，写起来得心应手。当然，这只适合我写此类的东西。

春天最初是闻到的·第八章

神笔天书

当我们的手捧到韩美林这部书法巨作《天书》时，一件中国书法史和艺术史前所未有的作品即已问世。我深知这部作品在书法、绘画、文化以及文字史等诸多领域的非凡价值，故而在美林长达一两年的创作期间，不断地探询他的进度与状态。每次他都给我以振奋。或是大声说："已经一半了，特棒！"或是"马上完工，等着来剪彩吧！"

究竟怎样一部作品使我如此期待？打开手中这部书吧。成千上万、千姿百态的古文字喷发而出，然而细看，却没有一个字能够识得。它们古怪、奥秘、奇幻甚至诡谲，这是韩美林的随心所欲臆造吗？当然不是。它们全都是我们祖先用心创造并使用过的！而且至今还保存在那些上古的陶片、竹简、木牍、甲骨、岩画、石刻和种种钟鼎彝器的铭文中。它们或许是秦代李斯用小篆统一文字之前某些文字的异体字，或许只是先人标记某些事物的记号，但其中真正的含意早已被历史忘得干干净净。

人类初期的文字史错综复杂，变化多端，甚至无章可循。在公认的文字符号没有确定之前，所有文字都是飘忽不定的。一个概念或一件事物，可能有五种六种八种十种写法，而许多写法渐渐被废弃了，今天的人根本无法读懂。诸如苏美尔城乌克鲁遗址中写满楔形文字的泥板、埃及神庙里刻着大片大片象形文字的石柱，还有克里特岛的腓斯特斯泥盘以及玛雅的石刻中，也处处可见这种遥远而艰涩的符号，每一个符号都是一个谜。可是美林却从这迷雾里感受到一片恢宏又神奇的充满"古文化感觉"的世界，并一头栽进去，如醉如痴地深陷其中。

人类的文明的旭日是文字的诞生。自从人类使用文字来记录和记忆，文明便走向精致与深入并有了积累。远古人究竟是怎样想到使用文字符号的，真是匪夷所思；更令人惊讶的是，地球上所有大文明的发源地，几乎在同一个时期——6000年前出现了文字！故此说，汉字决不是黄帝和吏官仓颉个人之所创。它是人类史一次文明的飞越！

在汉字产生的初始时期，人们自发地创造文字，任凭想象，无拘无束，自由发挥，但这个时代到了秦王朝统一中国后便被终结了。秦始皇一统天下至关重要的三个"宏图大略"都是丞相李斯的主意。一是军事上对诸侯列国的"个个击破"，一是思想上的焚书，一是统一文字。前两个主意出于政治的需要，而后一个主意——统一文字对于中华文明却是一个伟大的贡献。

中国疆域辽阔，地域多样，各地的南腔北调有碍沟通，唯有文字可以畅通无阻，但这种文字必须是经过标准化和格式化的。因此说，秦王朝统一文字有助于中华文化的整体化。但那些被割除在外的大量的文字符号，从此弃而不用，被人忘却，失落在历史的尘埃里。所以，在后世的书法艺术中它们再也没有露过面。

这些古文字，在常人眼里是一些晦涩的艰深的怪异的冷冰冰的符号，在韩美林眼里却是有情感的有表情的活着的生命。于是，关切、钻研、体验这些失忆的古文字并为其"招魂"便成了美林艺术生涯一部分重要的内容。有谁知道，在美林完成这件《天书》之前，对古文字的搜集长达三十年。从大量的古陶上、铜器里、碑文与考古报告中，被美林搜罗到的古文字竟达三万之多！如今，这些古文字都在这部《天书》中活蹦乱跳、千姿万态地展现出来。

艺术史上有人提出过"书画同源"，有人提出"字画同源"吗？

"书画同源"是画家的主张,"字画同源"却是文字史的一个事实。

远古人在记录一种事物,首先是图其形。最早的文字是图像化的,最早的绘画是具有文字意义的。人类最初的文字不都是象形文字吗?汉字也是一样。虽然以后经历不断地演化,但这种方块里千变万化的汉字至今仍具有可视的绘画基因,这也是汉字能转化为其独有的书法艺术的根本缘故。于是,"字画同源"就成了美林这部《天书》的历史由来与文化依据了。

然而,美林不是将这些被遗忘的古文字重新书写出来,而是将他个人的性灵投入其中,透过漫长岁月的重峦叠嶂,去聆听与叩问古人最初的所思所想,以及原发的想象和创造的自由。尽管他也不能破译每个古文字的本意——他也并不想做那些执著的古文字学者的事。他凭着艺术家特有的感觉去心领神会人类初始的精神与美感。

当然,其中还有鲜明的韩氏的艺术美。

这种美来自他的气质。凝重、雄劲、率真、自由和不竭的激情。他的天性气质与古文字原有的气质是不是有些相近和相通?反正我已经说不好到底是古文字对他影响的多,还是他的艺术个性参与的多?

作为画家美林的书法,更具有绘画感。当他把文字学意义的古文字转化为书法艺术的"天书"时,他的审美品位、对形象的敏感,以及视觉形式上无穷的创造力自然而然地融入其中。

他旗帜鲜明地将绘画介入书法,从而使书法更具视觉美和形式感,更具画意。如果没有韩美林这样的若有神助的画家,何来神奇美妙的"天书"?

《天书》是一部文字学的大书。美林首次收集了远古时代失散于各处的古文字,并诉诸书法。这使得《天书》首先是一部古文字的图录。它书录的古文字超越万字。洋洋大观地展示华夏先民无穷的文化创造力。美林好似把我们带到五千年中华文明的源头。站在此处,放眼一看,千千万万形形色色的古文字,如大海浪花,闪烁无涯。

《天书》又是一部特立独行、无限美妙的书法巨作。是艺术家的爱意使这些在历史中几乎死去的古文字符号一个个复活过来；它们，既陌生又熟悉，既神秘又亲切，既深奥与贴近，既奇特又美丽。经他挥洒，获得了美的再生。

我相信《天书》是韩美林一部重要的作品。不仅因为它在文字史、书法史、文化史中的价值，还因为这是美林倾尽一生的心血的终极成果。

它的意义究竟多大？

老天生了一个美林，美林生了这部《天书》。

意象山水

美林最得意的事，是吓你一跳。

这"吓"，可不是寻奇作怪，爬高弄险，故作惊人之态。而是他全新的创造，是非凡的想象力，是超出你对他能力估计之外的一种意想不到的现身；是天上掉下个林妹妹。

韩美林会画山水吗？你问人，人家会反问你：韩美林画过山水吗？没有。可是现在他把一本比大石板还重的山水画集压在我的手上。

打开画集，老实说我没见过这种山水。没有具体、实在和切确的形象，没有传统的勾皴点染，没有古人也没有当今任何已知的熟悉的面孔，然而却叫我感受到大山在阳光照耀下的炫目，背阴时的雄峻又冷峻；还有捉摸不定的烟云，空旷无声的溪谷，站在危崖上静如处子的小树们，以及不知为什么欢腾起来的群鸟……然而这一切却不是刻画出来、描述出来、营造出来、表现出来的；看吧，大片大片洇开的色渍，阔笔挥洒出酣畅的水墨，状似随意搓染的肌理，以及任由饱含水分的墨彩在宣纸上自由自在地千变万化。于是，种种灵动的山水情境就这样"化生"出来了。

此刻，评论界一种可怕的僵化的问题一定会出现——

这是什么山水？宋元，文人画，大写意，还是由西方舶来的抽象绘画？对不起，都不是。

传统的中国画是具象的，现代西方是抽象的。韩美林的山水既非具象，亦非抽象。那是什么？别忘了中国人还有一个概念叫做"意象"。

"意"是中国文化的特产。

比如意境。西方绘画只有境界——即"空间的境象"，没有意境一说。但中国画特别是山水画最讲究意境，甚至把它作为评判一幅画高下的标准。中国人所谓意境，是将意，即意念、意味、诗意、情怀、滋味等融入"空间的境象"里，这样它就不再仅仅是视觉而是内心的了。同样，绘画中的形象在中国也有这样更深的一层，便是意象。然而中国人这种意象既非纯抽象，也不否定具象，而是在形象和抽象之间；为了使"意"更自由更充分地表达，它不以刻画与描述为能事，不受具象制约，不让视象限定想象。从这个意义上说，韩美林的山水不正是意象的山水吗？

在清初四僧的山水、禅画以及泼墨写意中，从米家父子的雨点皴到黄宾虹的积墨里，我们经常可以看到这种意象，但多为局部，韩美林的山水却是全部的彻头彻尾的意象。

正因为韩美林的形象观不是西方的抽象，而是中华文化的意象，他的山水便具有中国气质，同时又富于现代精神。

创造力经常陷入疯狂的韩美林，像野牛一样闯入山水画中。不经意地给山水画的发展提出一个新的研究课题。这一来，又把我们吓了一跳，我忽然想，他还不能画什么？

是为序。

中国人丑陋吗？

人与人确实会擦肩而过，比如我和柏杨先生。

1984年聂华苓和安格尔主持的"爱荷华大学国际写作计划"对我发出邀请，据说与我一同赴美的是诗人徐迟。同时还从中国台湾邀请了柏杨先生。但我突然出了点意外，没有去成，因之与这二位作家失之交臂，并从此再没见过。人生常常是一次错过便永远错过。

转年聂华苓再发来邀请。令我惊讶的是，在我周游美国到各大学演讲之时，所碰到的华人几乎言必称柏杨。其缘故是头一年他在爱荷华大学演讲的题目非常扎眼和刺耳：《丑陋的中国人》。一个演讲惹起的波澜居然过了一年也未消去，而且有褒有贬，激烈犹新，可以想见柏杨先生发表这个演讲时，是怎样的振聋发聩，一石撩起千层浪！其实作家就该在褒贬之间才有价值。我找来柏杨先生的讲稿一看，更为头一年的擦肩而过遗憾不已。其缘故，乃是当时我正在写《神鞭》和《三寸金莲》，思考的也是国民性问题。

国民性是文化学最深层的问题之一。国民性所指是国民共有的文化心理。一种文化在人们共同的心理中站住脚，就变得牢固且顽固了。心理往往是不自觉的，所以这也是一种"集体无意识"。对于作家来说，则是一种集体性格。由于作家的天性是批判的，这里所说的国民性自然是国民性的负面，即劣根性。鲁迅先生的重要成就是对中国人国民劣根性的揭示；柏杨先生在《丑陋的中国人》所激烈批评的也是中国人国民性的负面。应该说，他们的方式皆非学者的方式，不是严谨而逻辑的理性剖析，而是凭着作家的敏感与尖锐，随感式却一针见血地刺中国民性格中的痼疾。鲁迅与柏杨的不同是，鲁迅用这种国民集体性格的元素塑造出中国小说人物画廊中前所未有人物形象——阿Q，遂使这一人物具有深刻又独特的认识价值。当然，鲁迅先生也把这种国民性批判写在他许多杂文中。柏杨则认为杂文更可以像"匕首一样"直插问题的"心脏"——这也是他当年由小说创作转入杂文写作的缘故。故而柏杨没有将国民性写入小说，而是通过杂文的笔法单刀直入地一样样直了了地摆在世人面前。他在写这些文字时，没有遮拦，实话实说，痛快犀利，不加任何修饰，像把一张亮光光的镜子摆在我们面前，让我们把自己看得清清楚楚，哪儿脏哪儿丑，想想该怎么办。

被人指出丑陋之处的滋味并不好受。这使我想起从19世纪下半期到20世纪初西方人的"传教士文学"——也就是那时到中国传教来的西方的教士所写的种种见闻与札记。传教士出于对异文化的好奇，热衷于对中国文化形态进行描述。在这之中，对中国人国民性的探索则是其中的热点。被传教士指出的中国人的劣根性是相当复杂的。其中有善意的批评，有文化误解，也有轻蔑和贬损；特别是后者，往往与西方殖民者傲慢的心态切切相关。由于人们对1840年鸦片战争以后那段屈辱的历史记忆刻骨铭心，所以很少有人直面这些出自西方人笔下的批评。这种传教士文学倒是对西方人自己影响得太深太长，而且一成不变甚至成见地保持在他们的东方观中。这又是另一个需要思辨的话题。

然而我们对自我的批评为什么也不能接受呢？无论是鲁迅先生还是柏杨先生对国民劣根的批评，都不能平心静气以待之。是他们所言荒谬，还是揭疤揭得太狠？不狠不痛，焉能触动。其实任何国家和地域的集体性格中都有劣根。指出劣根，并不等于否定优根，否定一个民族。应该说，揭示劣根，剪除劣根，正是要保存自己民族特有的优良的根性。

还有一个问题值得思考。就是我们对国民的劣根性的反省始自"五四"以来。一方面由于国门打开,中西接触,两种文化不同,便有了比较。比较是方方面面的,自然包括着深层的国民的集体性格。另一方面,由于在中西的碰撞中,中国一直处于弱势。有责任感的知识分子面对这种软弱与无奈,苦苦寻求解脱,一定会反观自己,追究自己之所以不强的深在于自身的缘故。这便从社会观察到文化观察,从体制与观念到国民性,然而从文化视角观察与解析国民性需要非凡的眼光,用批评精神将国民性格的痼疾揭示出来需要勇气。所以我一直钦佩柏杨先生的这种批评精神与勇气。尤其是这个充满自责和自警的题目——丑陋的中国人——多容易被误解呀!但是只要我们在这些激烈的自责中能够体会一位作家对民族的爱意,其所言之"丑陋"便会开始悄悄地转化。

如今,中国社会正以惊人的速度走向繁荣。繁荣带来的自信使我们难免内心膨胀。似乎我们不再需要自省什么"丑陋不丑陋"了。然而一个真正的文明的民族,总要不断自我批评和自我完善,不管是穷是富。贫富不是文明的标准。我们希望明天的中国能够无愧地成为未来人类文明的脊梁。那就不要忘记去不断清洗历史留下的那些惰性,不时站在自省的镜子里检点自己,宽容和直面一切批评,并从中清醒地建立起真正而坚实的自信来。

也许为此,柏杨先生这本令人深省的书重新又放在我们的案头。

中国的符号

这是一本认识中国的书。

认识一个国家的角度有很多,比如去读一本写得好的该国的历史书,或者走进这个国家历史文化的博物馆。本书所采取的却不是这些惯常的方式,而是使用符号学的概念与原理,从一个国家的符号来认识——中国。

一

对于一些巨大的事物,比如城市、国家和民族,符号本身是一种公认的结果。对于一个城市或国家,它是首先被想到的、被记忆最清楚的,也是最响亮和夺目的;符号不同于一般的记号。城市的符号是城市的标记和标志,国家的符号是国家最具特征的细节。最鲜明的符号被认做象征。这样的例子举不胜举。

然而,能成为国家符号的事物无所不包。其中,有举世闻名的文化遗址与历史建筑,有罕世绝伦的艺术珍品,有名贯千古的风流人物,有特立独行的民风民俗,也有得天独厚的山川奇观。它们从不同侧面显现着一个国家的精神,或情感、或智慧、或审美、或个性。反过来,它又是我们认识一个国家具体的凭藉。应该强调,符号不是人为刻意制造的。它是历史积淀和选择出来的。它是一个民族的文化精华，是最深刻的内容最鲜明地外化。愈是博大和深厚的文明古国，它的符号就一定愈多、愈丰富和灿烂。符号的灿烂是文明的灿烂之使然。

二

在选编这部《符号中国》时，我们发现无论从哪类符号放眼看中国，都是一片崇山峻岭和奇花异卉。比如我们一想到泰山，那些举世皆知的名山与奇峰，如黄山、庐山、五台山、峨眉山、长白山和珠穆朗玛峰等就会鱼贯而至；一想到敦煌，那些光照全球的中华瑰宝如云岗、龙门、乐山大佛、丝绸之路、周口店、兵马俑、清明上河图等随即扑面而来；一想到那个献瑞呈祥的福字，那些带着华夏生活浓浓情味的春联、鞭炮、剪纸、财神、寿星、八仙、舞狮、龙舟、折扇、算盘、如意和文房四宝等等，便一下子五彩缤纷地把我们包裹其中。一样也不能拒绝。因为这些"符号"在我们的生活中一样都不能缺少。我忽然想起一位韩国文化学者曾对我说，世界一半的文化遗产在中国。

这由于我们的历史悠久而丰富，地域辽阔并多样，民族众多又各具特色。最重要的是，我们华夏先人太富于创造力和想象力，对生活倾注过多的情与意，才使我们拥有如此灿烂的文化、如此珍贵的经典、如此丰繁的符号。其实符号就是一种遗产，一种财富和无价宝。当然，这就给我们选择这些符号带来难度。其选择的目的和标准便是首要的了。

三

本文开宗明义就说这是一本"认识中国的书"。它是给谁认识中国的？

一是给外国人。从符号认识中国，可以一下子就看到中国的特征。符号是走进中国文化的入口。为此，我们要给外国朋友选准选精这个入口，不叫他们"迷路"。

二是给我们自己。通过对自己国家方方面面符号的了解，可以清晰地把握住自己国家的文化整体，看清自己的国家文化形象，以及我们这个东方文明古国的博大与灿烂。

故而在符号选择上，既要注重中华文化的丰富性，又要关照国家文化形象的整体性。既要总揽各类符号——本书分为自然、人文景观、艺术、人物、器物、民间艺术、民俗、民族八个方面，八个分册，又要选其精粹，避免芜杂与漫漶。一本编集国家符号的书，不是风景名胜大全、人物大典、文物图录、风物精要，而是确实能成为一个国家某一侧面的征象。当然，符号的类型不同，"体量"与差别很大，有的像长城与孔子，声名齐天；有的却不一定人人都听过见过。有两种符号是必须有的，一是世人皆知的，一是世人皆应知的。这样才能鲜明又充分地认识一个国家。

拿来那些世人皆知的符号容易，挑选另一些世人应知的符号却很难。但只有将后一类符号精选出来，本书才给人们提供一部完整地认识中国的凭藉，本书才有真正的深入的普及价值和精当的认识价值。我们才敢说，我们为介绍中国提供了一个全新的文本。

为使本书达到上述初衷，故请北京大学文化研究所出面组织，邀集各方面专家各显所能，共成此书。由于从符号学入手来编写这样一本"认识中国的书"尚属首次。疏漏与失误之处自然难免，恳请读者多提意见，以使本书不断修正。编者深信，有广大读者的参与，本书最终可望成为一部有独特价值的中国读本。

丹青翰墨满华堂

举凡天下王宫国殿，宏宇广厦，高堂华屋，无不以书画佳制添彩增色。中国各族人民的最高殿堂——人民大会堂，更以翰墨丹青，灿然生辉于四壁。由于它在国民政治生活中举足轻重之位置，以及无可比拟的社会功能与独特的构造，致其所藏书画数量之丰，尺幅之巨，品质之高，特色之鲜明，各时期名家巨匠之齐全，称雄于世。

人民大会堂由毛泽东主席亲自命名。刘少奇、周恩来、朱德、彭真等老一辈国家领导人为其倾注大量心血；邓小平提笔题写了堂名。它始建于1958年10月，竣工于1959年9月。各省七千多优秀的技术工程人员参加施工，首都群众与各界人士数十万次献上义务劳动。用时只有短短一年，即奇迹般地将这座占地十五公顷、十七万余平方米的巨型建筑巍然矗立在首都的中心——天安门广场的西侧。半个世纪来，它已成为党和国家及各人民团体举行政治、外交和社会活动极重要的场所，是最高领导人和普通百姓同堂议政的地方；它庄严雄伟、壮丽典雅，是中国人民引为自豪的建筑经典与国家标志。

这样一座殿堂的书画收藏，始于它的建成之日，由此源源不绝，直至今日。或来自征集，或缘于捐献。应该说，书画艺术家以他们心中的金银绯紫，付诸笔墨丹青，来为人民大会堂垒砌美的砖瓦和文化的柱石。它最早的一幅画——傅抱石和关山月的《江山如此多娇》，即是这样的作品。两位风格迥异的金陵画派与岭南画派大师满怀激情的合作,竟如此浑然一体,雄健磅礴,气吞万里;画中大地山河散发着冰消雪解后沛然的春意。这幅必将留在绘画史上的尺幅空前的山水巨作,标志性地显示出人民大会堂书画几个特征:一是由它的国家意义所决定,主题崇尚积极与祥瑞,画面追求气势辽阔,格调明朗,浓笔重彩,庄重大气。多为崇山峻岭,高江急峡,青松旭日,瑞雪银妆,群骏奔腾,红梅怒放,历史经典,民族和谐。书法亦多端庄饱满之作;二是由它超大的体量与墙壁所决定,画幅之巨,世所罕有,很多画家个人创作生涯中最大幅作品是为人民大会堂所画;三是由它高贵的身份所决定,入选的标准很高,作者皆为当代名家;或是享誉国内外的大师巨擘,或是我国画坛中的实力派的中年大家与公认的新锐。

人民大会堂的书画还有另一个特色。它内设三十四个以各省、自治区、直辖市和特别行政区名称命名的厅堂,为其举行会议和活动所用。各省辄致力从中彰显自己的风情特色、地域精神与时代新貌,既要在装潢、陈设、器物、工艺等方面刻意体现,还要邀请本地书画名家,捧出力作,以表现各自当今的文化高度。书画的题材以其山川美景与地域风情为多。于是,汇集华夏名家于一堂,展示各地人文风物于众厅;各展其长,各尽其美,姹紫嫣红,交相辉映,蔚为缤纷与丰赡之景观,自然也就成了人民大会堂书画独有的特色了。

五十年来人民大会堂的藏画,有过几个高潮。一次是20世纪80年代向社会公众开放,促使了书画的重新陈设与征集工作。其余几次皆与逢十的周年庆典有关,分别为1989年、1999年和2009年。这几次征集,不仅使艺术种类愈加丰富,国画、油画、版画、书法、雕塑、壁画等,一应俱全;在作者方面,几乎囊括了各个时期的名家之作。如果将所藏书画家的名字按其在书坛画坛的活跃时间排列起来,几乎可以纵向地构成当代书画史的轮廓。由于书画家皆以为人民大会堂创作为荣,倾心之作,必然精湛,众多作品堪称上品,甚至是书画家的代表作。因说,人民大会堂所藏书画乃是一大宗极为重要的艺术财富。

文化是积累和积淀而成的。如今大会堂书画的征集、展示与收藏，不单科学化、数据化、专业化，而且已成为自身文化与历史的一部分。单是书画家们在人民大会堂的创作巨幅作品时留下的五彩缤纷的花絮性的轶事，就使这座非凡的建筑的文化内涵熠熠生辉。而且，这些风格独具的宏幅巨制，与人民大会堂特有的国家精神、民族气质、庄重的氛围，以及充满活力的政治生活融为一体，构成强大的文化魅力。

今年是共和国甲子大寿，亦人民大会堂的五十华诞。半个世纪以来，这一崇高殿堂，其所为当代中国政治与社会发挥之作用，功莫大焉，举世公认。当此五十大庆，甄选书画珍品，精工印制，以艺术之美作为庆贺之花，奉献给祖国，同时亦展示人民大会堂之文化底蕴及风姿；其美思妙想，深情厚意，皆在其中。因作短章，权为序言。

《顾同昭白描仕女画稿》序

古来图赞淑女者多矣。或颂其节操贞烈，或褒其天资聪慧，品端貌美。若论画艺，唐之周昉张萱已臻极顶。由是而降，明清间仕女画步入鼎盛，蔚为一大画科，各类画谱画稿层出不穷，其中不乏佳作。

同昭昔日与吾同窗习画。吾工山水，同昭擅长花鸟人物；曾于三十年前见此古画稿数十帧，皆为散页，既无署名，也无款识，不知出处，却爱其人物姣好灵动，运笔娟秀清劲，遂用心摹之，颇得神髓。立笔竖毫，如锥划沙，驰腕运锋，似风拂水。虽是摹古，亦白描人物之精品。然当年以画为业，未将此摹本视为珍罕。谁想经历"文革"及地震，原件已佚，此摹本竟是劫后仅存，堪为宝也。因之刊印若干，以赠友人，并纪念以往，回味昔时苦乐参半之丹青生涯也。

为张显画意，绽露内蕴，专予每幅画稿配以历代诗词名句。如此文图相映，足以表达对往日心血的爱惜。出版在即，撰此短章，是为记焉。

问石者说

时逢盛世，收藏成风。天下之美物，不论人造抑或天然，无不进入藏家的视野与追寻之中。在此良好的文化氛围中，我的好友贾长华先生爱上了藏石。

然而，每一种收藏都是一个无边无际的世界，一旦钻进去，很难再出来。单说石头，它的世界究竟多大？且不论这种天造的尤物之美之异之奇难以穷尽，只说藏石家爱说的一句话——世界绝对没有两块一样的石头，藏石的路会有尽头吗？

所以，尽管长华为报业、为他所供职的单位一个个宏大的目标、为他所信仰的"成事"二字费尽心机，操劳不已，但是偶有空闲，一定不会在家里喝好茶听音乐看电视，而是驱车跑到那种堆满天南海北奇石的市场上，甚至徒步在荒山野岭和河滩深谷中，去寻其所爱，尽其所好，享受其心中的大餐了。

长华很少向我炫耀他的石头。他天性低调吗？他是那种藏之秘室、孤芳自赏的人吗，还是对自己收藏的规模与品质缺乏自信？

一次，由于一个偶然的机缘，我走进他一处房间，这里不过是他藏石世界的一角，却叫我大开眼界。种种名石奇石美轮美奂，造型石匪夷所思，古生物化石堪称奇迹。我算是有一点眼界的人了，但这里的许多石头都是见所未见。

他为什么不拿出来与人共享和分享？

我问长华，他笑而不答。

今天读了这部书的书稿，才真正懂得长华绝非一般藏家。

原来在寻石、选石、藏石、品石、赏石的过程中，他之所获绝非一种贵重的藏品与变相的财宝，亦非仅仅玩赏之间；从中他居然获得那么多人生、历史、社会、艺术的思考，以及哲理的启迪和处世为人的积极的探求！

只有看一看本书目录中一些章节的题目——"做学习型的人"、"朋友是财富"、"凡事要有主见"和"要做就做得最好"等等，就会明白藏石于他，绝非一种爱好和嗜好而已，而是他积极和健康的人生的一部分。其关键在于"问石"二字。正由于他肯于思索和探求——问石，才使他从寻石到赏石之中，感受到超越美石之外更宽阔的美。

然而，面对着一块块冷冰冰的沉默的石头，他怎么能问出生活的意义与人生的箴言？这就要看他的思想能力，以及他的追求了。

我欣赏我的朋友这种收藏观。不是简单的物质性的积累，也不会玩物丧志，而是把藏石与赏石作为一种高尚的精神与审美生活。

这便进入了真正的藏家的境界。

一般的藏家止于藏品，真正的藏家超越藏品。

今日长华出书，展示多年收藏中之所爱，同时以文字抒发心志，并嘱我写序。作为好友，有感而发，却不知是否道出了长华藏石之奥妙。写到此处，不敢再多言语，停笔且听指教，并将上边的感想权做序言吧。

为吴泰昌新作《我知道的冰心》出版写的短语

泰昌是常常令我感动的好友。

他感动我的是：那种经常表现出的对文学冲动的爱，以及对先辈大家由衷的敬重。他站在这两点上写作，便使他的写作迥异他人。

他用一种文学史家的眼光关注健在的文学大家生活中平凡又非凡的细节，一点一滴决不放过，忠实地记录下来，几十年如一日，最终他为我们留下一本本另类的文学史料；同时，他又以一种散文家的体验生活的方式，去感受他经常接触的文学大家，把许多珍贵的场景、画面和瞬间记在心里，最终他为文学史写出一本本另类的作家传记。

所以我说，吴泰昌是"下世纪文学派到本世纪来的特约记者"。

我祝泰昌的多本新作出版。希望他再接再厉，继续写下去。他笔记本里、相册里、肚子里、心里边的东西多着呢。

永远的画意与诗情

　　大平是我的好友,也是我钦佩的摄影艺术家。我与他结识至少廿年。那时他以人物写真著称于世。好像一次评选全国十大青年摄影家时,他名列十一,仅差寸步而失之交臂。但在我心中,他已是当代摄影家中的头排。不知是他刻意于纯情的女人形象,还是这些形象都被他的暗箱加工了——反正他作品的女子全是青春、姣好、纯洁、透彻而明亮。尽管摄影是一种忠实于客观的艺术,但是大平告诉我们,摄影既非复制生活,也不被动于形象,在灵性的食指按下快门的一瞬,他能从对象身上选择而提炼自己最欣赏的神情。因此,他也在作品里表达出自己主观的气质与风格。

　　这就是大平的摄影特有的高雅、宁静和如画一般的美。

　　他的人物作品充满画意,他的风景作品富于诗情。他的风景一如他的人物——纯净与平和,含蓄和隽永。在充满喧嚣而恶俗的商业美人照的今天,大平的镜头为我们保留着一片清新又美丽的净土。

　　艺术之外大平又是重情义的人。在我焦灼于现代化城市改造对历史记忆的破坏时,大平是我的知己和强有力的支持者。他邀集好友帮助我将近百年天津城市诸多历史形象保留下来。当然这正表达了一位真正的摄影家所具有的文化眼光与文化情怀。

　　当这部搜集了大平多年创作的精品集即将问世之时,我写下数言，以表情谊。同时也感到一种荣光，因为我深信这些摄影艺术的珍品一定都是传世之作，愿我这些话长久地与大平的艺术相伴。

是为序。

优美的游记

那年在巴黎小住，一天忽有电话来，竟是同乡好友杜仲华。由电话里知道他旅欧途经巴黎。我便约他去看蜡像馆。杜仲华出身美术一行，对视觉美的事物兴趣犹浓。当下约好午后在蜡像馆左近的街口见面。谁想，时至中午便下起雨来，而且愈下愈大，白色的水雾竟将埃菲尔铁塔隐去。按时间跑到约定的地方，已是"雨中见老乡，全身泪汪汪"了。更糟糕的是蜡像馆前参观者排成长龙。人人打伞，看上去像一支各色蘑菇列成的长队。我们没有雨伞雨衣，只好放弃。杜仲华问我，附近还有哪里好看，我便拉他钻进不远的那座天下闻名的歌剧院里。很快，他就被四处无比精美的巴洛克艺术与建筑雕刻迷住。他不住地把湿淋淋垂在额前而遮挡视线的头发拨开的动作，叫我看了好笑，当然——也被他的爱艺术爱美的情怀而感动。

由此，我便明白杜仲华为什么对出访归来的文化人那么感兴趣。他想听到各种非同寻常的感受与发现，也想间接地体味一下异域的艺术与文明。尽管他的职业具有记者性质，他所提的问题却是一种在艺术上、心灵感受上的开掘。偏偏他又有一支灵动的笔，把这些访谈的收获绘声绘色地表达出来。他写的虽是别人，其实写的又是他自己。他是借别人的枝开自己的花。所以我笑道：

"只要被杜仲华采访过，自己就不用再去写游记了。"

然而，他不只借枝开花，还在自己的树上绽放花朵。在他因公务而游访各国时，对中西文化交流、华人艺术家在海外的生存状态、当地的风土人情等，都获得了切身感受，并生动记录下来。那珍藏着无穷无尽艺术瑰宝的卢浮宫；中国人熟知的希茜公主居住过的美泉宫；银幕铁汉施瓦辛格的故乡奥地利古城格拉茨；银色梦幻好莱坞、水城威尼斯、赌城拉斯维加斯、尼亚加拉大瀑布和科罗拉多大峡谷等自然人文景观，均得到他独到的发现和有趣的记述。一些活跃在世界各地的中外艺术家和文化学者，也成为他的观察和描写对象。

　　现在他把这些文章整理成集，便编就了一本多彩的文化游记，无论是间接访谈还是直接记述，都呈现出人类艺术的斑斓。他感受着别人，也感受着自己——这便是本书的特色。这部出自深具才情的资深记者笔下的作品，在当下海外游记图书花色斑驳之中，自有其异常鲜明的特色。

　　祝贺这样一本独特又优美的书出版，祝贺我的好友新作问世，且为序。

美丽的山口

民间文化是一座大山。它高耸、深厚、博大、峥嵘，面对着它，哪里是我最好的学术入口？入口必须是具体的。我所选择的其一是年画。

其中的缘故一是来自于主观。我天性喜爱美术，自然对这种独特的视觉艺术十分敏感。何况，它又是我家乡天津的"乡土艺术"，自幼谙熟，心画相通。我有一种"年画情结"，因之情不自禁地把它作为我研究民间文化的一个彩色的入口。

二是来自于客观，即来自年画本身的价值。在农耕时代，再也没有比年 —— 这个一年一度辞旧迎新的日子更重要。日常隐伏在人们心中的期盼，担忧与梦想，此刻全要跑出来，大喊大叫地表现着。因此再没有别的民间艺术，能够比年画更充分地展现国人的心灵。何况，它又具有那么多样的地域性和高超的技艺。我说过，年画是中国民间美术的龙头，并把它列为我们"中国民间文化遗产抢救工程"率先启动的首项普查工作。因此，它必然是我走进民间文化大山首选的入口了。

几年里，伴随各地的田野考察，随手写下一些文章。但这些文章都是偶有发现或有感而发，不能不记录纸上时，才抓起笔写出来的。自然，也有不少很珍贵的心得，由于无暇坐在书案前，便失落在昨天而无影无踪。我很心爱这些来自田野的文字，因为不少东西既有学术的资料价值,也有我用行动所体现的文化主张。

　　说到文化主张,也就离不开近年来不间断的关于时代性文化问题的思辨。在这里,我将具体与年文化和年画相关的文化思考,以及一些学术探索与学术实践,一并收入其中。关于年画,我的志愿是写一部年画文化史。倘能遂愿,其中一些重要的资源一定来自这本书中。是为序言。

神交左川

左川是漫画界的大家。

漫画是画幅上最小型的绘画。左川何以凭此成为大家？

首先，他凭仗着漫画的优势。漫画如针芒，虽小巧而锐利，能够针砭邪恶，触醒麻木，刺中社会深层的病灶与种种弊端；漫画又如搔痒的手指，撩拨笑意，带来轻松。左川从漫画这些本质出发，观察生活，发现题材，于是那些平冗的烦琐的日常生活在左川的手中，倏然全转化为辛辣的讽刺和令人忍俊不禁的笑料了，而且处处体现着画家独有的睿智与富于才气的发现力。看左川的画时，我常常会想，做一位漫画家多好，他们的生活态度那么达观，那么清醒，那么幽默！

左川给我另一个鲜明的印象，是他绘画的语言与形式的丰富。钢笔画、国画、版画、水彩画、装饰画等多种绘画的元素，由他随手拿来，随意而用。他的漫画因之斑斓多姿。同时又全都融入他那种强烈的简洁明快的个人风格之中。

左川与我是同辈人，又同在一个城市生活。平时各忙各的，不常见面，但天天看报，看图书，眼睛和心常常与他——他的作品打交道。和一位艺术家结交，最重要的是与其作品神交。我相信，我是和左川神交了几十年的朋友，并以有这样一位有才气的漫画大家为同乡、为朋友而犹感荣幸。如今，他这部遴选自数十年来的创作精华刊印出版，令我分外高兴。当然，也使广大观者高兴，因为神交左川者大有人在呵。

且为序。

一种自我的心灵教育

如果说教育以人为本，那么教育的根本便是心灵教育。知识教育是必需的，但心灵教育才是根本。无论是家庭教育还是课堂教育。

心灵教育的目的是帮助孩子建立自己的心灵天地。教育做什么？就是时时注意给这片天地浇灌真善美，播种爱与博爱，注入情感和正义感，以及纯正的价值观；促使他们心灵这片天地美好、丰富和健康。

教育的方式是多样的，其中一种上好的方式是写作。写作不只是为了给人看的，首先是给自己看，那么写作不仅会影响别人，也在不知不觉地影响自己。我说过，写作首先使我自己受益。写作使我更关注它人，对社会的认识更清醒和更自觉，感受更敏锐，更加疾恶如仇也更加善良。人拿起笔时，内心随即处于敏感状态，思维进入各种是非的思辨之中。写作使人的认识能力得到加强，情感得到激发，精神境界得到升华。对于孩子来说，只要他们拿起笔来，就自然而然进入这种自我教育中了。平时在课堂和家庭所受到的各种教育这时候就会起作用。

进一步说，在各种写作体裁中，日记是最自我的心灵化的写作。日记是自己对自己说话；再也没有比日记的文字更真实、更坦率了。人在写日记时，不仅可以得到心灵的宣泄与抒发，更重要的可以在日记中看到自己的心灵，并从中认识自己，思辨自己，纠正或鼓励自己。

日记不是一种非常好的自我教育的方式吗？

浙江省的一些关心少儿教育的部门抓住了这个极佳的心灵教育的方式——日记体写作，并赋予"情感"和"爱"的主题，使这种心灵教育更具引导性，目标也更明确。这样的活动已经进行了两届，从活动的成果看，一批少儿写作的优秀作品硕果累累摆在我们眼前；从长远的效应看，成千上万的活动参与者在这样的自我的心灵写作中肯定会得到美的教育，情感的滋育，精神境界的提升。我们不能只指望着一杯水可以使苗儿长成大树，但大树的生命里蕴含着每一次雨水与甘霖的浇淋。这才是活动的真正目的。因为教育是为了明天，一切教育付出努力的收效都将在明天看见。

这样的征文是有创造性的，符合教育规律的。希望一年年继续办下去，并能在全国推广开来。

是为序。

佛心学侠

每当有感中华大地的文化遗存受难于全球化的冲击而一片迷惘之时，渐渐从中显出不多的身影。这些身影是一种希望，一种光亮。他们刚强执著，挺立不折，默默坚守，这其中的一位便是田青。

田青与我同乡，但我真正结识这位在音乐史研究方面成就卓然的学者，却是在近两年非物质文化遗产保护的各种会议与活动中。再有，便是在一些展现少数民族原生态歌舞的电视节目里。他常常被主持人追问着对歌手们的评价。从他的言谈话语中听得出田青具有严格慎重甚至毫不宽容的学者精神，时时也流露出对文化遗存命运的关切之情，还有对田野中这些艺术天才由衷的爱。这使我很感动。

记得我曾问一位民间文学的研究生，你知道你所研究的民间文学的现状吗？这位研究生摇着头直视着我，不明白我这话由何而起。我大声对他说，你研究的民间口头文学已经没人再说了，快死了，快没了。你还蹲在书斋里也不焦急吗？快把书桌搬到田野里去吧！

对文化的麻木并不全在一般人身上，也在我们文化人自己这儿。这就是我为什么特别敬重田青这样的学者的缘故。应该说，把民族音乐的抢救与弘扬紧紧连在一起的——也就是说大张旗鼓地把原生态的音乐歌舞搬到舞台上和荧屏中的人是田青。

由于我们身处于当前这个文明转型的时代，文化人对遗产的自觉和责任变得异常重要。这是我们不能拒绝的使命，也是学术良心的试金石，而学术良心是学术之本。

如今，田青肩负着非物质文化遗产保护国家中心主任的重任。应该说，选择田青来担当这一工作是颇具眼光的。田青有宽广的视野和渊博的学养，更关键的是他的一生都与其挚爱的事业融为一体。这些读者都能从本书中获知。

说到这本书，不仅写得清新、真切又丰富，还充分显示为这样一位优秀的学者与文化人立传多么重要。书的本身在张扬着一种时代所需要的精神，一种深挚文化的情怀，一种顽强不懈的人生选择与追求。相信很多人会从中得到启示，就像我一样。

我对本书的出版表示祝贺，有感而言，且为序。

一生挖了一口深井

给老朋友的书写序总会招来一阵子怀旧。我与崔锦的交往快半个世纪了吧。

那时我在书画社以摹制古画为生,工作之外酷爱古典诗文及津地的乡土美术——这便是与崔锦很快成为知己好友的缘故。他在旧法租界天津艺术博物馆灰色的老楼里上班。至今犹然记得那座老楼极高的屋顶、沉重的大门、晦暗光线里无数稀世珍宝;这中间常常走动着一个瘦瘦的年轻男子的身影,闪闪发光的眼镜片后边总是一种专注而沉静的眼神,走路脚步很轻,说话平和文气,这便是四十多年前崔锦给我留下的印象。

他在馆里的工作是负责古代绘画和民间美术的征集与陈列。这使他得天独厚有着宽广的文化阅历。他和他的博物馆像磁石一样吸引着我常去。最得意的事,是跟着他从办公楼连接展馆的一条内部人员使用的狭窄而弯曲的小楼梯穿过,进入展厅,随他去看一幅新挂出来的古代书画的名作或刚刚征集到的民间艺术珍品,那一瞬,真有如获至宝般的兴奋。

那时我与他还计划编写一套天津民间美术丛书,但"文革"敲碎了我们年轻的梦。当时我25岁,他长我三岁,28岁。

好朋友总是有点缘分。我家被抄,被轰到黄家花园一条深巷里破楼的阁楼上；他没房住，所借宿的一间临街的低矮的小屋与我相距只有两个路口。在那个危机四伏的岁月里，崔锦是我可以说些"犯忌"的话的朋友，这因为相互在人格上的信任。在"文革"中，信任是与生死捆绑一起的。

崔锦当时生活艰难，但依然故我地文静平和，不在任何政治机遇中伸头探脑，手不释卷地读书钻研，埋头于他的专业。这使他渐渐成为书画鉴定领域中得到国内公认的专家，并在社会清明之日，顺理成章地担任了天津艺术博物馆馆长。

近三十年，我在文学、艺术和文化遗产保护几个领域中穿梭与奔波，新熟人新朋友如潮水般不断涌来。但远远地总静静站着一个人，便是崔锦。几十年来，也没胖，瘦瘦的身影，淡定的神情。一次我忽想，崔锦这个人好像一辈子也没变。工作没变，一辈子在博物馆里；长相好像也没变，眼神没变，津味的口音没变，那种不卑不亢的气质也没变。他以不变应万变吗？

当然不是，他的学养却在悄悄地与日俱增地变。他好像站在原地挖一口井。现在，翻一翻他所结集的这本《沽畔文耕录》，就会为他这口井之深之大而吃惊。不论古今书画篆刻名家名作，风格流派，文博收藏，还是乡土艺术，地域建筑，传统工艺，民俗文化，不单涉猎极广，而且充满真知灼见。这部从崔锦一生文耕之所获遴选出来的作品集，是他为社会做出的有价值的贡献。

如今，崔锦开始把他井里的宝贝往外搬了，《沽畔文耕录》便是沉甸甸的一件。我为老友自豪，因作序以助兴。

图书在版编目（CIP）数据

春天最初是闻到的 / 冯骥才著 . — 北京：文化艺
术出版社，2013.5
ISBN 978－7－5039－5579－2

Ⅰ.①春… Ⅱ.①冯… Ⅲ.①散文集—中国—当代
②随笔—作品集—中国—当代 Ⅳ.①I267

中国版本图书馆CIP数据核字(2013)第058411号

春天最初是闻到的

著　　者	冯骥才
责任编辑	程晓红
装帧设计	顾　紫　姚雪媛
出版发行	文化藝術出版社
地　　址	北京市东城区东四八条52号（100700）
网　　址	www.whyscbs.com
电子邮箱	whysbooks@263.net
电　　话	（010）84057666（总编室）　84057667（办公室） 　　　　　84057691—84057699（发行部）
传　　真	（010）84057660（总编室）　84057670（办公室） 　　　　　84057690（发行部）
经　　销	新华书店
印　　刷	北京圣彩虹制版印刷技术有限公司
版　　次	2013年7月第1版
印　　次	2014年3月第2次印刷
印　　数	5001－8000册
开　　本	710毫米×1000毫米　1/16
印　　张	21.5
字　　数	295千字
书　　号	ISBN 978－7－5039－5579－2
定　　价	58.00 元

版权所有，侵权必究。印装错误，随时调换。